1. Auflage | © 2021

Herausgeber/Verlag: Verbandsgemeinde Montabaur
Konrad-Adenauer-Platz 8, 56410 Montabaur

Redaktionell verantwortlich für den Inhalt:
Josef Kläser, Eleonore Lenz und Winfried Röther

Text: Josef Kläser, Eleonore Lenz und Winfried Röther

Herstellung und Verlag: BoD – Books on Demand,
Norderstedt

Layout/Satz: 37Punkt Grafik|Design, 57648 Unnau

ISBN 978-3-75-434604-4

Josef Kläser | Eleonore Lenz | Winfried Röther

ES KLAPPERTEN DIE MÜHLEN

Mühlen in der Verbandsgemeinde Montabaur

TITELBILD

Der Brunnen, gestaltet von Albert Weißengerber aus Rengsdorf, befindet sich seit 1990 vor dem Rathaus in Niederelbert. Auf einem massiven Sockel ruht ein sechseckiger Diabas-Block, dessen Mitte als Wasserbecken dient. Auf den Seitenflächen sind Reliefs zur Dorfgeschichte und zu typischen Elberter Berufen zu sehen. Eines der Reliefs hält die Erinnerung an das Mühlenleben wach. Der Müller bindet einen Sack mit Mehl zu. Die Müllerin sitzt daneben und hält ihr Kind im Arm. Die Katze verhindert, dass sich die zwei Mäuse an das Mahlgut heranmachen. Der Künstler lässt das Brunnenwasser auch auf das oberschlächtige Mühlrad fließen.

INHALT

GRUSSWORT | BÜRGERMEISTER DER VERBANDSGEMEINDE MONTABAUR

Über viele Jahrhunderte gehörten die Mühlen zu den zentralen Orten unserer Gesellschaft, sei es als Bannbetriebe in der feudalen Wirtschaftsordnung oder als Zufluchtsstätten, die durch den Mühlenfrieden geschützt waren. Gleich ob am rauschenden Bach oder in einem kühlen Grunde, wird die Mühle in Liedern besungen. Aus Grimms Märchen ist der Müller nicht hinwegzudenken und nach wie vor ist Müller der häufigste Familienname in Deutschland. Was läge also näher, als sich der Geschichte einer Region über die Geschichte ihrer Mühlen zu nähern. Auch heute noch prägen die Plätze und Gebäude, die in dieser Zusammenschau erwähnt werden, unsere Ortschaften und die Landschaft. Und indem die Autoren die Zusammenhänge und Entwicklungen aufzeigen, geben sie diesen Orten wieder ihre besondere Bedeutung zurück und machen Geschichte vor Ort erfahrbar.
Die Autoren dieser Arbeit engagieren sich im „Historischen Stammtisch", einem Treffen lokalhistorisch Interessierter, die mit viel Fach- und Sachkenntnis immer wieder wichtige und spannende Beiträge zur Geschichte insbesondere der Stadt aber auch der Ortsgemeinden unserer Verbandsgemeinde leisten. Dabei geht der Historische Stammtisch auf die Initiative „Ich bin dabei!" des Landes Rheinland-Pfalz und der Verbandsgemeinde Montabaur zurück. Auch deshalb ist die Verbandsgemeinde diesem Kreis besonders verbunden.

Ich bedanke mich bei den Autoren, Josef Kläser, Eleonore Lenz und Winfried Röther, dafür, dass sie mit der vorliegenden Arbeit zum Verständnis für die Entwicklung und zum Zusammengehörigkeitsgefühl in unserer Verbandsgemeinde beitragen.

Ulrich Richter-Hopprich

GRUSSWORT | HISTORISCHER STAMMTISCH MONTABAUR

Als Koordinator des Historischen Stammtisches Montabaur bin ich in dreifacher Weise über das neue Buch zu den Mühlen in der Verbandsgemeinde Montabaur von Josef Kläser, Eleonore Lenz und Winfried Röther erfreut: Zum einen legen die drei Autoren mit dieser Monographie erstmals eine umfassende Bestandsaufnahme von nahezu 800 Jahren Geschichte der zahlreichen Mühlen in den Heimatgemeinden unserer Verbandsgemeinde vor. Das vorliegende Buch ist auch eine fachlich-spezifische Ergänzung zur Geschichte der Stadt Montabaur in kurfürstlich-trierischer Zeit, die vom Autor Paul Possel-Dölken im Jahr 2014 erschienen ist.

Zum zweiten freut mich, dass die Autoren als aktive Mitglieder einer Projektgruppe innerhalb unseres Historischen Stammtisches, der sich als Gesprächsforum und Netzwerk versteht, mit diesem Mühlenbuch ein eindrucksvolles Beispiel unserer Zielvorstellungen erreicht haben, nämlich durch Teamarbeit in unserem Mitgliederkreis ein wichtiges Sachthema zur Geschichte der Grundversorgung in unserer Verbandsgemeinde aufzuarbeiten und in Bild und Text darzustellen.

Zum dritten freut mich als Wirtschaftshistoriker, dass das vorliegende Buch ein wichtiger Beitrag zur Wirtschaftsgeschichte der Verbandsgemeinde ist. Wie unter einem Vergrößerungsglas wird hier, fokussiert auf den Produktionsbereich „Mühlen" und am Beispiel eines kleinen geographischen Ausschnitts, deutlich, welchen Stellenwert die Nahrungsmittelherstellung sowohl ökonomisch wie kulturhistorisch in allen Epochen der Menschheitsgeschichte hatte und hat. Das Buch von Josef Kläser, Eleonore Lenz und Winfried Röther zeigt aber auch, in erweiterter Perspektive, dass die allgemeinen historischen Entwicklungslinien – egal, ob im Weltmaßstab oder in regionaler Betrachtung wie hier der Verbandsgemeinde Montabaur – nur angemessen zu verstehen und zu würdigen sind, wenn man weiß, in welcher Weise die Menschen versucht haben, ihre existenziellen wirtschaftlichen Bedürfnisse zu befriedigen.

Ich wünsche diesem Buch als gleichermaßen gelungenem wie wichtigem Beitrag zum Verständnis der Geschichte Montabaurs den ihm gebührenden Erfolg und eine breite Leserschaft aller an der Geschichte unserer Heimat interessierten Mitbürgerinnen und Mitbürger.

Dr. Hermann-Josef ten Haaf

VORWORT

Man muss nicht Müller sein oder Müller heißen, um sich für die Geschichte der Mühlen in der Verbandsgemeinde Montabaur zu interessieren. Deshalb sind auch Sie eingeladen, sich über Mühlplätze, Mühlennamen und -arten, besonders aber über die Geschichte der zahlreichen Wassertriebwerke mit Mühlencharakter zu informieren.

Die drei Autoren einer Projektgruppe, die sich als „Ableger" des „Historischen Stammtisches Montabaur" zusammengefunden haben, laden Sie ein zu Besuchen in den Tälern, deren Bäche alle ihr Wasser der Lahn zuführen.

Wir möchten Ihnen Einblick gewähren in einen Zweig der Nahrungsmittelherstellung, der als ältester der Menschheitsgeschichte in kulturhistorisch hohem Grade von großer Bedeutung ist. Sie können mit verfolgen, wie in einem Zeitraum von fast 800 Jahren Menschen die Kraft des Wassers, in einem besonderen Fall auch die des Windes, zur Erleichterung ihrer mühevollen Handarbeit wirken ließen.
Sie werden aber auch erfahren, dass nicht jeder Müller einen Goldesel besaß und ganz viele „den Bach hinunter gingen", weil ihnen „das Wasser bis zum Halse stand". Und hätten die Mühlsteine erzählen können, wären Ihnen noch manch andere Schicksale der Müllersleute offenkundig geworden.

Nicht alle Müller vermögen dem Mühlensterben, das bereits im letzten Viertel des 19. Jahrhunderts einsetzt, zu trotzen. Nur noch ganz wenige überstehen die staatlich geförderten Stillegungsaktionen von 1957 und 1971. Einer von ihnen, Müllermeister Werner Klein von der Schlatmühle in Heiligenroth, ist schließlich der letzte Berufsmüller, der am 31. Dezember 1993 die Müllerei in der Verbandsgemeinde Montabaur beendet.
In Wanderkarten bilden Mühlen auch nach einem Vierteljahrhundert noch Bezugspunkte, ebenso bei Restaurantbesuchern.

Autorin und Autoren grüßen Sie mit dem traditionellen Müllergruß, einem herzlichen „Glück zu!"

Josef Kläser   Eleonore Lenz   Winfried Röther

GLÜCK ZU ®

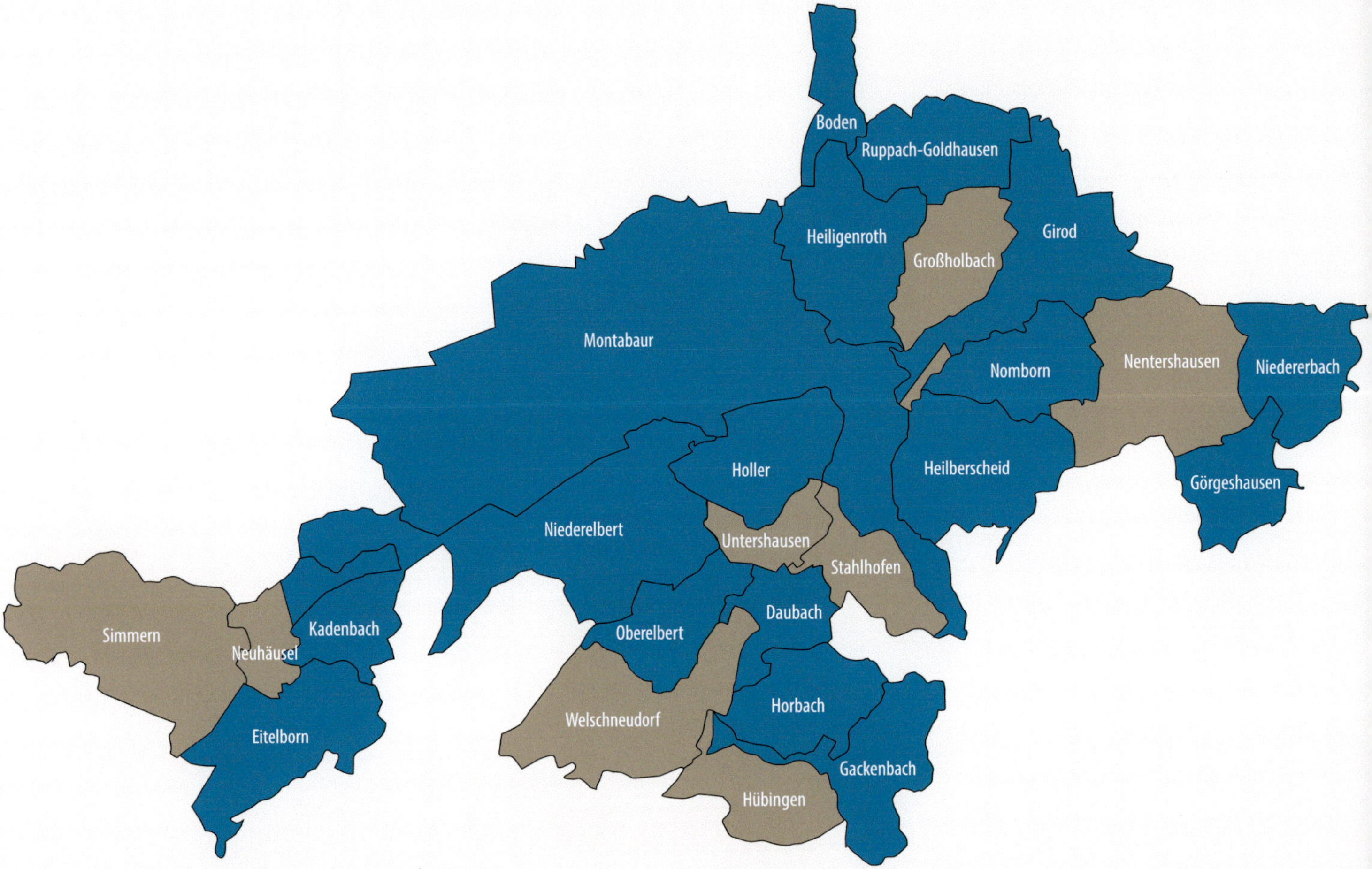

„MÜHLENORTE" DER VERBANDSGEMEINDE MONTABAUR

Die Gemeinden mit Mühlen sind **blau** eingefärbt.

MÜHLEN IN DEN ORTSGEMEINDEN DER VERBANDSGEMEINDE MONTABAUR

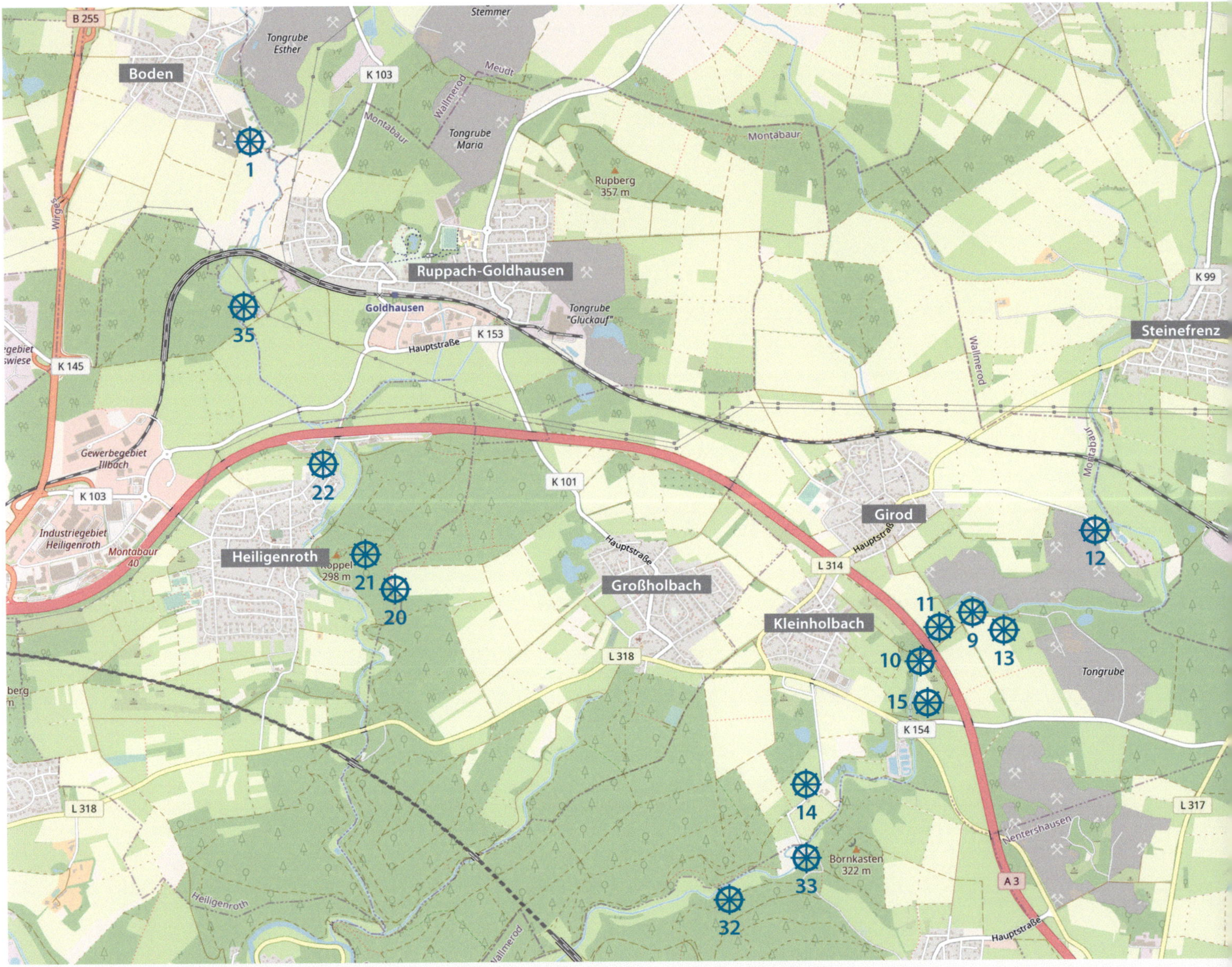

MÜHLENSTANDORTE AM EISENBACH UND AHRBACH

1 Wiesenmühle Boden
9 Dollmühle Girod
10 Ettersmühle Girod
11 Ölmühle Girod
12 Schultheißenmühle Girod
13 Struthmühle Girod
14 Freimühle Kleinholbach
15 Michelmühle Kleinholbach
20 Hermoldermühle Heiligenroth
21 Sabelsmühle Heiligenroth
22 Schlatmühle Heiligenroth
32 Kautenmühle Nomborn
33 Studentenmühle Nomborn
35 Goldhäuser Mühle

MÜHLENSTANDORTE AM SANDBACH, ERBACH UND HAMBACH

16 Görgeshäuser Mühle Görgeshausen
17 Jostenmühle Görgeshausen
30 Trockenmühle Niedererbach
31 Kleinmühle Niedererbach

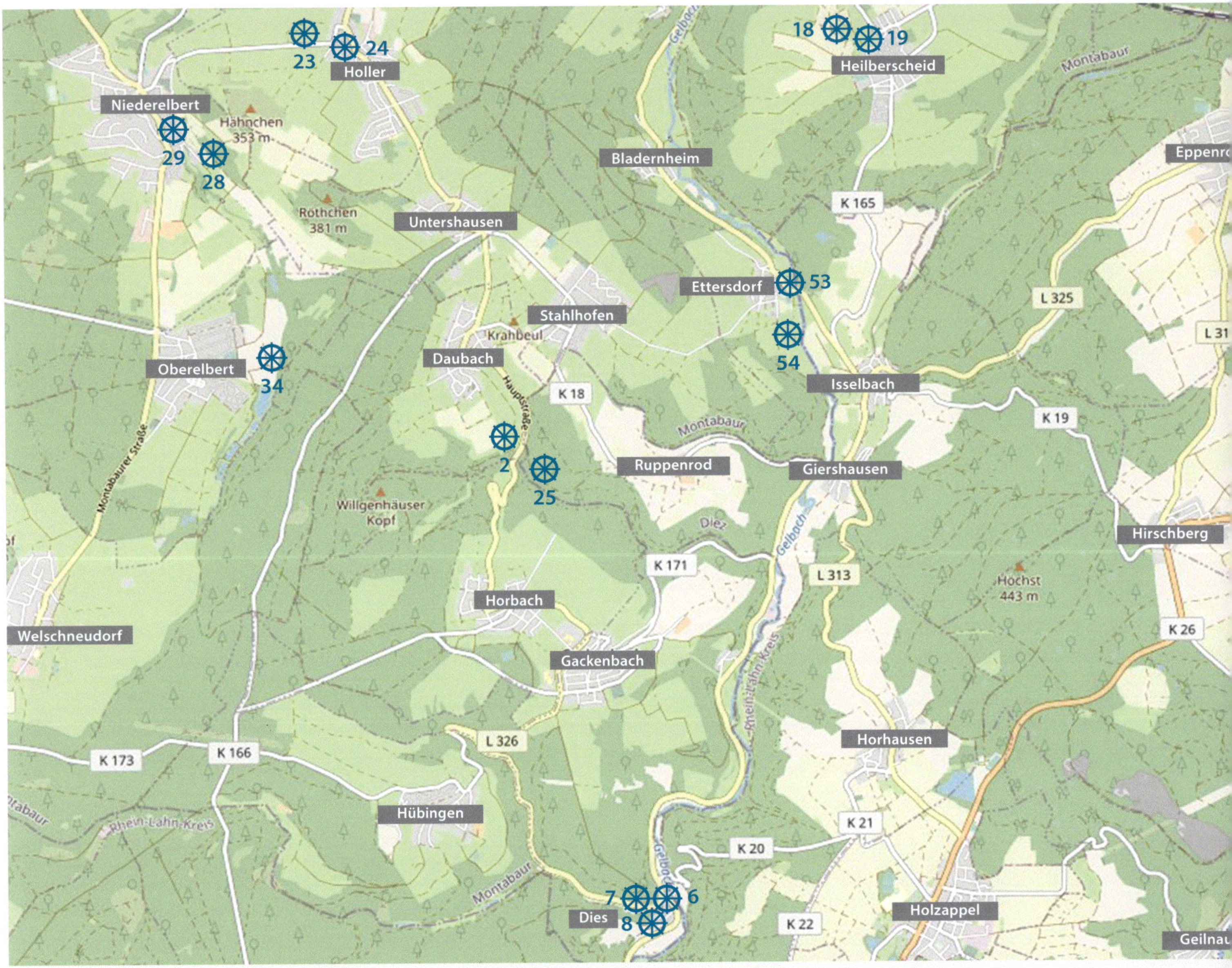

MÜHLENSTANDORTE AN STELZENBACH UND GELBACH

2 Häusgesmühle Daubach
6 Altmühle Gackenbach-Dies
7 Neumühle Gackenbach-Dies
8 Ölmühle Dies
18 Erbenmühle Heilberscheid
19 Ölmühle Heilberscheid
23 Obermühle Holler
24 Untermühle Holler
25 Weismühle Horbach
28 Erbenmühle Niederelbert
29 Metternichsmühle Niederelbert
34 Erbenmühle Oberelbert
53 Ettersdorfer Mühle
54 Heckenmühle Ettersdorf

MÜHLENSTANDORTE AN KADENBACH UND EMSBACH

3/4 Ullesmühle Eitelborn
5 Schneidmühle Eitelborn
26 Gemeindemühle Kadenbach
27 Kleinmühle Kadenbach

1 BODEN

Name: Wiesenmühle
Gewässer: Ahrbach
Lage: Wiesenmühle 1
Art der Mühle: Getreidemühle
Fotos: Zeichnung Weckerling 1996, 2016

Die Wiesenmühle wird erstmals 1566 erwähnt. Sie befindet sich 1758 im Eigentum des Montabaurer Amtsverwalters Dr. Johann Martin Kleutgen, der, 1768 zum Hofgerichtsrat ernannt, sehr vermögend ist und die Mühle von Grund auf neu erbaut. Als Erbpächter ist schon 1788 Philipp Sabel nachzuweisen. In einer Beschwerdeschrift der 11 benachbarten Müller aus dem Jahre 1793 gegen das Gesuch des Müllers Sabel, einen zweiten Mahlgang einzurichten, wird die Wiesenmühle als ehemalige Küchenmühle des Freiherrn von Esch zu Langwiesen bezeichnet.

Philipp Sabel lässt eine steinerne Brücke über den Ahrbach bauen, um mit Säcken beladene Esel und Pferde darüber zu treiben. Unter Peter Sabel, einem seiner Nachkommen, gerät die Mühle in finanzielle Bedrängnis und muss versteigert werden. Mathias Müller VI. und Johann Manns II. erwerben die Mühle. Im Jahre 1889 übernehmen die Kinder Johann und Peter Josef Müller die Mühle; sie bauen 1903 zusätzlich ein Backhaus. Grund ist ein Streit mit Bäcker und Gastwirt Flügel über die Qualität des Mehles. Johann Müller ist erbost und beginnt selbst mit dem Brotbacken.

1911 heiratet Helene Müller, Schwester des Johann Müller, den Bäcker Franz Jung, der 1961 verstirbt. Die Töchter Maria und Anna Jung erben die Mühle. Der Sohn von Maria, Franz-Bernhard, verunglückt 1964 auf tragische Weise, doch seine Mutter führt bis zu ihrem Tod im Jahre 1982 die Mahltätigkeit weiter. Die ledige Schwester Anna stellt am 31. August 1983 den Betrieb ein. Bis zur Stilllegung verfügt die Mühle über zwei Walzenstühle und einen Schrotmahlgang (s. Foto). Die Mühleneinrichtung wird demontiert und nach Rumänien verfrachtet. Heute ist auf dem Gelände ein Reitbetrieb untergebracht.

2 DAUBACH

Name: **Häusges Mühle**
Gewässer: **Vereinigung von Daubach, Eisbach und Hellbach**
Lage: **außerorts, südlich des Dorfes**
Art der Mühle: **Öl- u. Getreidemühle**
Foto: **2017**

Schon 1486 erwähnt eine Kirchährer Urkunde die Häusges Mühle. Im 30jährigen Krieg wird sie zerstört, jedoch wieder aufgebaut. Dabei handelt es sich um eine Ölmühle. 1789 erwirbt Peter Dahlem die Mühle. Der Trierer Kurfürst erlaubt ihm, einen Gang zum Hirse-, Gerste- und Haferschälen anzuhängen. Die Genehmigung, Mehl zu mahlen, wird zu dieser Zeit noch nicht erteilt. Diese nun vorhandene Technik beobachten die benachbarten Mühlenbesitzer mit Argwohn. Es gibt zumindest einmal Streit vor dem Amtskellner in Montabaur, weil der Müller unerlaubt Mehl herstellt. Erst 1818 wird dem Müller Peter Milmert die entsprechende Konzession erteilt.

1854 ist Anton Roth der Besitzer. Von der Häusges Mühle heißt es nun, sie habe einen Mahl- und einen Ölgang. 1869 gelangt der Besitz an Kaspar Wolf von der Ettersdorfer Mühle (Nr. 53). Er und seine Nachkommen betreiben die Mühle bis zu ihrer Stilllegung 1968. Großen Schaden nimmt die Mühle 1928, indem die Gebäude außer der Scheune niederbrennen.

An dem Mühlenplatz entsteht ein neues dreistöckiges Gebäude, das heute noch existiert. 1930 wird die Antriebstechnik auf eine Wasserturbine unter Zusatz eines Dieselmotors umgestellt und 11 Jahre später ganz auf Elektrobetrieb.

Das heute noch ansehnliche Wohnhaus stammt aus dem Jahre 1935. Die Häusges Mühle hat in der letzten Phase ihrer Bestandszeit als leistungsfähig gegolten, weil ihr größter Konkurrent, die Weismühle (Horbach) sowie die anderen benachbarten Mühlen zu dieser Zeit nicht mehr in Funktion sind. 1976 verkauft die Familie Wolf das ganze Anwesen an Familie Wolfgang Schenk. Seitdem wird dort eine Werkstatt für Tierpräparation betrieben. Das Unternehmen bedient Kunden in der ganzen Welt.

3/4 EITELBORN

Name: **Eitelborner Ölmühle und Ullesmühle (umgangssprachlich), zwei voneinander getrennte Mühlen**

Gewässer: **Binnbach**

Lage: **Am Verbindungsweg Eitelborn – Bierhaus (Arzbach)**

Art der Mühlen: **Ölmühle, zeitweise kombiniert mit Getreidemühle; Getreidemühle**

Fotos: **2021, um 1880, um 1900, um 1930**

Die Geschichte der beiden Mühlen ist nach Lage, Geschichte und Besitz so verwoben, dass es sich empfiehlt, sie nicht getrennt voneinander vorzustellen.
An dem in amtlichen Karten als „(Eitelborner) Ölmühle" ausgewiesenen Mühlenplatz befinden sich zwei voneinander getrennte Gebäude unterschiedlicher Funktion; das weiter hangaufwärts gelegene ist die ehemalige Ölmühle. Ihr auch heute noch gebrauchter Name „Ullesmühle" (Ulles = Ohling = Öl) bezieht sich gegenwärtig wohl eher auf die nur wenige Meter hangabwärts befindliche Mahlmühle (s. Abbildung, im Hang Mitte die Ölmühle).

Als erste der beiden benachbarten Mühlen entsteht die Ölmühle. Der Trierer Kurfürst Johann Hugo von Orsbeck genehmigt Christian Hastenteuffel 1681 den beantragten Bau auf des Antragstellers Grundbesitz.

Nach nur 20 Jahren ist der Amtsschreiber des Grafen Metternich (Inhaber der Herrschaft Sporkenburg bei Eitelborn), Fuxius, ihr Besitzer, der auch 1709 Eigentümer einer weiteren Mühle wird, die er in unmittelbarer Nachbarschaft der Ölmühle als Mahlmühle errichtet. Das durch einen langen Mühlgraben herangeführte Wasser des Binnbaches setzt zuerst das Rad der Ölmühle in Bewegung, um anschließend auch die Mahlmühle mit Energie zu versorgen. Nach wirtschaftlichen Gesichtspunkten ist es eine kluge Idee, das von der Ölmühle abfließende Wasser, bevor es ungenutzt wegläuft, zum Antrieb einer Mahlmühle zu gebrauchen. 60 Jahre lang befinden sich die zwei Mühlen in der Hand eines Betreibers. Als 1769 der gemeinsame Besitzer, Peter Gerharz von Arzbach, stirbt, erfolgt eine Aufteilung der beiden Betriebsstätten: Johann Holly übernimmt die Mahlmühle und Thomas Knopp die Ölmühle.

Johann Holly d. Ä. ist ein wohlhabender und geachteter Augster Einwohner. 1750 wird der Nachfolger seines Schwiegervaters als Besitzer der Brauerei (später Augstbräu) und 1769 kauft er um 1700 Reichstaler die Eitelborner Mahlmühle. 10 Jahre später ernennt ihn sein Landesherr, der Trierer Kurfürst-Erzbischof Clemens Wenzeslaus, zum Schultheißen des Kirchspiels Augst (Arzbach, Eitelborn, Kadenbach und Neuhäusel). Thomas Knopp, der neue Ölmüller, muss wohl sehr bald zu der Überzeugung gelangt sein, dass in der bergigen Augst nur wenig Ölsaat, z.B. Raps, angebaut wird, der seine Mühle nur vier Wochen während des Jahres in Betrieb hält.

Er bittet deshalb den Kurfürsten noch im Jahr 1769, ihm die Anhängung eines Mahlganges an seine Ölmühle zu gestatten. Dies fordert zwangsläufig den Protest seines Nachbarn, den Mahlmühlenbesitzer Holly heraus. Durch markige Worte beschreibt dieser die ihm drohenden Nachteile, und zwar nicht nur in wirtschaftlicher Hinsicht. >>>

Es läge in des Ölmüllers Macht, durch Verstärkung des Wasserzuflusses seine (unterhalb gelegene) Mühle wegen Überschwemmung zu schädigen und, dass gar seine Familie in Gefahr gerate, „zu ersaufen". Des Ölmüllers Knopp Wunsch geht nicht in Erfüllung und des Mahlmüllers Holly Befürchtung zu ertrinken tritt nicht ein. Dadurch bleibt dem Ölmüller weiterhin die Ölherstellung eigen und der benachbarten Mahlmühle die Getreidevermahlung. Doch 1847 wird die Öl- zu einer zweiten Mahlmühle. In den Mühlenverzeichnissen von 1854 heißt es, Johann Peter Knopp 4. besitze eine Mahlmühle mit einem Gang (Mahlwerk). Sie sei bis 1847 eine Ölmühle gewesen.

Hingegen sei Johann Peter Knopp 2., nun Johann Baptist Knopp, Eigentümer der Mahlmühle mit zwei Gängen, wovon einer „schon immer unbrauchbar ist". Der in Eitelborn häufig vorkom-mende Familienname Knopp und die nicht weniger üblichen Taufnamen Johann haben dazu beigetragen, dass die Besitzverhältnisse beider Mühlen unter „Irrtumsvorbehalt" manchen Schreiber zur Verzweiflung gebracht haben. Über das Schicksal der oberen Mahlmühle (vormals Ölmühle) in ihrer Funktion als Getreidemühle äußert sich der Erwerber der Gebäude (Mühlenwohnhaus, Scheune und Backhaus, Johann Karl Harf von Niederbreisig, bevor er Eigentümer der Immobilie geworden sei), habe schon seit etlichen Jahren kein Wasser mehr ein Mühlrad angetrieben. Nach mehreren kurzfristigen Besitzständen kauft Josef Knopp, seit 1884 Eigentümer der ursprünglichen Mahlmühle (untere Mühle), die einstige (obere) Öl- zuletzt Mahlmühle und vereinigt dadurch beide Eitelborner Mühlen nach 123 Jahren wieder in einer Hand.

Sein Enkel, Theodor Knopp (1912–1992, Foto), ist der letzte Ullesmüller mit Pferdegespann, der noch bis 1963 das Getreide seiner Augster Kundschaft mahlt oder schrotet. Ein elektrisch betriebener Steinmahlgang erinnert in dem 1948 errichteten Fachwerkbau an die Eitelborner Mühlengeschichte. Beide Mühlenhäuser dienen heute Wohnzwecken.

5 EITELBORN

Name: Packholzschneidmühle
Gewässer: Emsbach
Lage: unterhalb des Bierhauses, an der Straße Arzbach-Bad Ems
Art der Mühle: Holzschneidmühle

Am 14. Juli 1852 genehmigt die nassauische Landesregierung in Wiesbaden dem Antragsteller Moritz Alfter und seiner Frau Margarethe geb. Rasch in (Koblenz-) Ehrenbreitstein den Bau einer Packholzschneidmühle „hinter dem Bierhaus" (bei Arzbach) am Weg nach Ems.

Fournir-Schneiderei.

Unterzeichneter empfiehlt sich in allen in dieses Fach einschlagenden Artikeln, als: Cigarren-Küstchen von Erlenholz nach anzugebendem Maaße, zu billigsten Preisen. —

Fournire zu schneiden à $4^1/_2$ Pfn. per □ Fuß,
Massiv " " à 7 Pfn. per □ Fuß;
wobei er reelle und prompte Bedienung verspricht.

M. Alfter,
zwischen der Pfingstwiese und dem Bierhaus.

Nach Auskunft von Bürgermeister Vogt in Eitelborn ist das Werk am 1.12.1852 in Gang gekommen und soll ganzjährig betrieben werden. Bereits vor diesem Termin erläutert Alfter in einer Annonce Einfügen: (s. Abb., Quadratfuß = 0,09 qm) sein Fertigungsprogramm. Dass sich Alfter auch mit dem Zuschneiden von Grubenholz für die Emser Bergbaubetriebe beschäftigt, ist zu vermuten.

Darauf deutet die Erwerbung der Schneidmühle durch den Emser Johann B. Christmann am 8. Dezember 186 und den Weiterverkauf an die Gewerkschaft Remy, Hofmann & Co in Bendorf fünf Tage später hin. Die aus der Gewerkschaft hervorgegangene Aktiengesellschaft des Emser Blei- und Silberwerkes veräußert 1893 die Schneidmühle um 547,50 Mark an den Brauereibesitzer der „Augstbräu", Johann Georg Jung und seine Frau Anna Maria geb. Hensler. Über den Wertverlust des zweistöckigen Gebäudes von ca. 10,20m x 7,50m und einer dabei befindlichen Wiese sprechen die Verkaufszahlen eine deutliche Sprache: 1869 = 1.500 Taler (4.500 Mark) – 1875 = 547,50 Mark. Nach dem Besitzübergang an Jung 1875, gerät das Gebäude zusehends in Verfall und ist bis 1914 völlig verschwunden.

6 GACKENBACH-DIES

Name: Altmühle
Gewässer: Gelbach
Lage: Gelbachstraße
Mühlenart: Getreidemühle
Foto: ca. 1950

Erst Anfang des 20. Jahrhunderts wird im behördlichen Schriftverkehr der Name „Altmühle" zur Unterscheidung von der anderen Dieser Mahlmühle, der „Neumühle", verwendet, obwohl zu dieser Zeit (1910) die ältere Mahlmühle ihre Funktion als Getreidemühle bereits eingebüßt hat. Ihr Ursprung liegt im Dunkeln, ihr Fortbestehen als eine Betriebsstätte reicht in die Gegenwart.

Erste Nachricht von einer Mühle zu Dies reicht ins Jahr 1548 zurück. Damit ist sie die älteste der drei Dieser Mühlen, und der Mühlenplatz wird seit mehr als 470 Jahren gewerblich genutzt – mit Ausnahme jedoch jener Jahre im und nach dem Krieg 1618–1648. Erst 1660 stellt der Hillscheider Euler Philipp Mendel den Antrag, ihm den Aufbau und die Ingangsetzung zu genehmigen. Sein Landesherr, Kurfürst Karl Kaspar von der Leyen, gewährt ihm die Bitte und weist ihm die Bewohner des Kirchspiels Kirchähr als verpflichtete Gäste zu. Dieses Bannrecht führt in den folgenden

Jahrzehnten häufig zu zum Teil handgreiflichen Auseinandersetzungen mit benachbarten Kollegen, aber auch mit den Gästen der Mühle. Es verliert an Schärfe, bis es Ende des 18. Jahrhunderts ganz erlischt. Zeitweise sind Mitglieder der Müllerfamilie Trumm Betreiber aller drei Dieser Mühlen (um 1720). Anfang des 19. Jahrhunderts gelangt die in mehreren Mühlen vertretene Familie Kurtenacker in den Besitz der Altmühle und behält ihn bis 1914. Unter dem Erwerber Georg Betz treibt das Wasser des Gelbaches fortan anstatt Mühlsteinen „Sägegatter" und ab 1920 eine Turbine mit einem Generator zur Stromerzeugung, wodurch bald darauf sich die Bewohner der Gelbachdörfer des elektrischen Stroms erfreuen können. Kraftwerksbetreiber ist ab 1922 die Rheinische Starkstromgesellschaft in Frankfurt und seit 1923 die Handelsgesellschaft Ihle und Rimmler in Eppingen/Baden-Württemberg.

Die Annehmlichkeit der Stromversorgung erleidet jedoch 1925 eine Einbuße, denn in der Nacht vom 25. auf den 26. April brennt das Elektrizitätswerk vollständig ab. Der neue Eigentümer, Architekt Otto Kappler, übernimmt 1928 die Immobilie sowie das Sägewerk und versorgt das Kirchspiel Kirchähr ab 1928 wieder mit elektrischer Energie. Seinen Nachkommen ist zu wünschen, dass sie 2028 ihr 100-jähriges Bestehen als Unternehmen der Holzschneid- und Holzbautechnik feiern können.

7 GACKENBACH-DIES

Name: Neumühle
Gewässer: Hübinger Bach (Seelbach)
Lage: innerorts, Gelbachstr. 3
Mühlenart: Getreidemühle
Fotos: 1995, 2017

Das Genehmigungsverfahren zum Bau einer dritten Dieser Mühle gerät nach der Antragstellung 1710 ins Stocken, weil der Montabaurer Amtmann Johann Philipp von Reifenberg glaubt, seine bei Balduinstein an der Lahn gelegene private Mahlmühle könne durch Abwanderung von Kunden wirtschaftlich Schaden nehmen. Zeugenaussagen bekunden jedoch, dass die Bewohner des Kirchspiels Kirchähr wegen des weiten Weges nicht in der Lahnmühle gegenüber von Balduinstein mahlen lassen. Erst acht Jahre nach der Antragstellung erhält der Dieser (Alt-) Mühlenbesitzer Johann Peter Trumm am 25.10.1718 die Genehmigung, auf seinem eigenen Grund und durch eigene Mittel, eine zweite Mahlmühle im Ort zu erbauen. Nach Fertigstellung des Mühlenhauses überträgt er dieses seinem Landesherrn, dem Trierer Kurfürsten, zum Eigentum und erhält es von ihm als Erblehen zurück. Dadurch ist er fortan nur Nutzer und nicht Eigentümer der von ihm gebauten und finanzierten Mühle. Diese „Konstruktion“ des Benutz- und Eigentumsrechtes ist in jener Zeit nicht unüblich gewesen. Sie hat wohl dazu gedient, überhaupt erst eine Bau- und Betriebserlaubnis zu erhalten. Die Dieser Mühlenakten lassen nicht erkennen, dass diese Regelung einen schriftlichen Niederschlag gefunden hat. Sie machen aber auch nicht offenkundig, warum 1786 die Neumühle nicht mehr als Erb-, sondern als Eigentumsmühle verzeichnet ist. Obwohl fast zwei Jahrhunderte im Besitz der Familie Trumm, wird dieser Familienname nicht zu dem der Mühle. Sie heißt immer nur Neumühle, auch, als um 1900 die Kurtenackers außer in der Alt-, auch in der Neumühle gemüllert haben. In den 1930er und anfangs der 1950er Jahren wird durch Wasserbaumaßnahmen und mühlentechnische Ergänzungen aus dem Handwerks- ein Gewerbebetrieb mit zwei Walzenstühlen zur Herstellung von Weizenmehl und einem Steinmahlgang für Roggenmehl und zum Schroten.

Letzter Neumüller ist Josef Hermann Schmidt. Ihm bieten die gesetzlichen Möglichkeiten (Mühlengesetz 1957 und Mühlenstrukturgesetz 1971) eine Beendigung der Mühlennutzung gegen eine Abfindung zu beantragen. So geschieht es. Mit amtlicher Genehmigung ruht seit 1.11.1972 der Mahlbetrieb. Nach 40 Jahren erfährt das Mühlengebäude durch behutsame Renovierung unter weitgehender Wahrung der traditionellen Mahleinrichtung eine andere Verwendung. Der neue Hauseigentümer, das Holzbauunternehmen Kappler am Standort der Altmühle, richtet darin Büro- und Ausstellungsräume „mit Mühlen-Charakter“ ein (Foto: Getreidezuführung zum Walzenstuhl).

8 GACKENBACH-DIES

Name: Ölmühle
Gewässer: Hübinger Bach
Lage: Hübinger Str. 1
Art der Mühle: Ölmühle
Foto: 2017

Die 1668 erbaute Ölmühle gehört fast 150 Jahre zu der Gemeinde Winden (VG Nassau). 1816 findet eine Umgemeindung in den benachbarten Gackenbacher Ortsteil Dies statt. Im Allgemeinen haben die Müller ihre Pacht für die Benutzung des Bachwassers zum Antrieb des Wasserrades in dem Produkt, das auf ihrer Mühle erzeugt wird, entrichtet. Bei Mahlmühlen eben Getreide, bei Papiermühlen bestimmte Sorten Papier und bei Ölmühlen halt Öl als Leuchtmittel für Öllampen. Bis Anfang des 19. Jahrhunderts liefert der Ölmüller Karl Arle vier Maß Öl zur Kellerei Montabaur (ca. 8 Liter). 1809 erfolgt die Umwandlung dieser Natural- in eine Geldabgabe von vier Gulden 32 Kreuzer (1 Gulden = 60 Kreuzer). Während des ganzen 19. Jahrhunderts und bis zur Stilllegung der Ölmühle Anfang des 20. Jahrhunderts sind es Mitglieder der Familie Arle, die das Ölmühlengeschäft besorgen. Nachdem ab etwa 1860 das Petroleum seinen Siegeszug als Leuchtstoff angetreten hat, gerät das hauptsächlich aus Raps gewonnene Öl ins Hintertreffen. Zum Braten, Kochen und Backen bleibt es weiterhin in Gebrauch und wird auch heute noch geschätzt. Das alte Ölmühlengebäude erfährt 1938 eine Umgestaltung zu einem sehenswerten Wohnhaus.

9 GIROD

Name: Dollmühle
Gewässer: Eisenbach
Lage: südöstlich von Girod
Art der Mühle: Getreidemühle/Ölmühle
Foto: 2009

Die 1525 erwähnte und einst Frentz Heintzen-Mühle genannte Mühle ist von 1648 bis 1652 verfallen. Sie wird 1653 mit einer Ölmühle wieder aufgebaut. Gelegentlich sind ihr mehrere Namen gleichzeitig eigen: 1774 Druckmühle, 1786 Franz Heinsenmühle, 1809 Franz Heinesmühle, schließlich Antoinetten-Mühle, vermutlich nach der 1795 geborenen Müllerstochter Antoinetta Schumacher. Mühlenbezeichnungen, die sich an die Vornamen der Betreiber anlehnen, sind bis etwa Ende des 18. Jahrhunderts sehr verbreitet. Eine Mühle nach einer weiblichen Person zu benennen, ist äußerst selten und kommt außer in Girod nur noch in Alsbach (VG Ransbach-Baumbach) vor, dort als Marienmühle, benannt nach Marie Schröder, der Ehefrau des Alsbacher Pfarrers Hugo Stadelmann. Im Jahre 1842 erwirbt Jakob Doll die Mühle, daher der spätere Name. Als der letzte Müller Heinrich Hoffmann, gen. Dollmüllers Heinrich, 1940 verstirbt, wird der Mahlbetrieb eingestellt. Das Anwesen ist als „Dreiflügelanlage", bestehend aus Fachwerk-Wirtschaftsgebäude, Fachwerkwohnhaus und Wegekapelle in der Liste der Kulturdenkmäler des Landes Rheinland-Pfalz eingetragen. Die Mühle ist nicht mehr bewohnt, die Gebäude sind dem Verfall preisgegeben. Das Gelände wird zur Pferdehaltung genutzt.

10 GIROD

Name: Ettersmühle
Gewässer: Eisenbach
Lage: südöstlich von Girod (?), verfallen
Art der Mühle: vermutlich Getreidemühle
Foto: Eisenbachtal bei Girod, 2017

Sie wären einige Gedichtzeilen wert, die alten Mühlen, deren Räder zerbrochen, ihre Mauern verfallen und sogar ihre Standorte vergessen sind. Mühlenwüstungen nennt man die Plätze, an dem sie einst gestanden haben. Auch in der Verbandsgemeinde Montabaur sind manche „begrowe un'r Ginster un Doorn, versonk un fast ganz dem Gedächtnis verlorn" (Verszeile aus „De letzte Miller" von Wilhelm Reuter).

Eine solche Mühlenwüstung haben wir am Emsbach (Gemeinde Eitelborn) schon kennengelernt, andere werden uns noch begegnen. Hier soll nun einer wüst gewordenen Mühle bei Girod gedacht werden, der Ettersmühle, die 1525 als Michel Hentzmühle erwähnt wird. Während des langen, des 30-jährigen Krieges gerät sie in Verfall und bleibt auch nach Kriegsende 1648 als Ruine liegen. Einzig ihre Steine finden an anderer Stelle Verwendung. Der genaue Standort bleibt in der „Wildnis" des Eisenbachtales verborgen.

11 GIROD

Name: Ölmühle
Gewässer: Eisenbach
Lage: südöstlich von Girod bei der Dollmühle
Art der Mühle: Ölmühle
Foto: an der Dollmühle, 2017

Bis 1681 existiert in Girod eine Ölmühle. Ihr Besitzer ist Christian Thielen, der in Staudt wohnt. Am 22. Dezember 1681 gestattet ihm die kurtrierische Hofkammer zu Ehrenbreitstein (Finanzverwaltung) die Verlegung der neben der Mahlmühle stehenden Ölmühle nach Staudt bei Wirges. Bei der erwähnten Mahlmühle handelt es sich wohl um die Dollmühle (Nr. 9). Die Verlegung der Ölmühle erfolgt 1682 durch Christian Thielen und Johannes Wendel. Thielen muss nach dem Wortlaut des Hofkammerprotokolls vom 13. Februar 1682 aus seinen eigenen Mitteln dem Johannes Wendel eine neue Ölmühle „ohnweit dannen" (in der Nähe) bauen.

Die Verlegung der Ölmühle bringt das Brüderpaar Christian und Niclas Quirenbach aus Girod auf den Gedanken, sich nun seinerseits im Müllerhandwerk zu versuchen und im gleichen Jahr unterhalb des benachbarten Dorfes Steinefrenz eine neue Ölmühle zu erbauen, deren Einrichtung noch vollständig erhalten ist.. Die Ölmühle in Staudt befindet sich seit 1884 im Besitz der Gebrüder Bahl, die dort eine Farbmühle (Nr. 50) betrieben haben.

12 GIROD

Name: Schultheißenmühle
Gewässer: Eisenbach
Lage: östlich von Girod, Richtung Steinefrenz-Bahnhof
Art der Mühle: Getreidemühle (Erbenmühle)
Fotos: 1992, 2018

Dem Schultheißen Philipp Hennen, der schon 1457 ein Wehr und einen Wassergraben anlegen darf, gestatten mit Konzession vom 2. November 1463 die Grafen von Katzenelnbogen-Diez, von Nassau-Vianden-Diez und die Herren von Epstein „hinter Girod gegen Weithfelde" den Bau einer Mühle, die 1525 Philipps Hennenmühle, seit 1673 Schultheißenmühle heißt. Sie gehört zeitweise zur Gemeinde Steinefrenz. Ursprünglich hat für die Dörfer Girod, Steinefrenz, Pütschbach und die beiden Holbach für diese Mühle der Mühlenzwang gegolten. Die Mühle wird im 17. Jahrhundert zur Erbenmühle. Seit etwa 1770 ist Johann Kloft Mitbeteiligter der Erbenmühlengesellschaft und erwirbt weitere Anteile. Als er diese Position ausnutzt und „auf den Handel" mahlt, sein Mehl also an den Markttagen in Montabaur feilbietet, zieht er den Zorn mehrerer Privateigentumsmüller auf sich. Nach deren Beschwerde pfändet der Amtskellner von Montabaur seine Zugpferde.

An der Erbenmühle sind z. B. im Jahre 1874, 68 „Konsorten“ (Bauern) beteiligt. Im Einwohnerbuch für den Westerwald 1926 wird Johann Meurer, zugleich Inhaber einer Kolonialwarenhandlung in Girod, als Mühlenmeister geführt. Der letzte Eintrag im Mühlenbuch erfolgt am 19. Dezember 1971. Nach der nicht einfachen Auflösung der Bruchteilgemeinschaft wird das Grundstück im Jahre 1975 verkauft. Der neue Eigentümer lebt einige Jahre in dem zunehmend baufälligen Mühlenhaus und veräußert es im Jahre 2005. Der nunmehrige Besitzer renoviert das Gebäude und baut es aus. Es ist seit 2008 ein schmuckes Wohnhaus.

13 GIROD

Name: Struthmühle
Gewässer: Eisenbach
Lage: südöstlich von Girod
Art der Mühle: Getreidemühle (Erbenmühle)
Fotos: 1992, 2016

Die Mühle wird als Rolhennmühle im Jahre 1525 erwähnt und trägt später die Namen Ruillen Michelmühl (1601) und Stollenmühle (1816). Sie ist 1648 verfallen, wird aber 1670 wieder aufgebaut. Schon 1786 ist sie eine Erbenmühle mit 40 „Genossen“, 1928 sind es sogar 77 „Erben“. Im Einwohnerbuch für den Westerwald 1926 ist ein „Gaßer“ aus Girod als Mühlenmeister aufgeführt. Unter Mühlenmeister Christian Bauch erfolgt 1936 ein Umbau. Der Mühlenbetrieb wird 1955 eingestellt, das Gebäude weiter von einem Tongrubenunternehmen als Aufenthaltsraum genutzt.

Der Mühlenname „Struth“ ist eine Lagebezeichnung und weist auf eine sumpfige Stelle in einem Buschwald hin (Eine weitere Mühle mit dem Zusatz „Struth“ befindet sich im Struthwald bei Molzberg in der Verbandsgemeinde Wallmerod).

14 GIROD-KLEINHOLBACH

Name: Freimühle
Gewässer: Eisenbach
Lage: südlich von Kleinholbach unter dem Bornkasten
Art der Mühle: Getreidemühle
Foto: um 1940

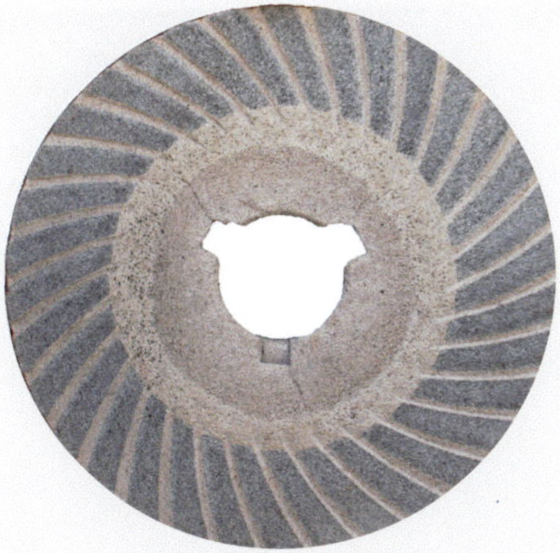

Die Freimühle, unterhalb des „Bornkasten" gelegen, ist die jüngste Mühle am Eisenbach. Im Jahre 1833 beantragen Caspar Müller von der Studentenmühle und sein Bruder Johann von der Kautenmühle (Nr. 32) den Bau einer neuen Mühle oberhalb der Studentenmühle (Nr. 33), in der „Hommelswiese", Gemarkung Kleinholbach. Nach einem langwierigen Genehmigungsverfahren, das bis in das Jahr 1846 dauert, beginnt der Bau im „Freiheitsjahr" 1848. Die Mühle wird jetzt alleine von Caspar Müller erbaut. Er stellt einen Mühlenknecht an und setzt sie im Februar 1850 in Gang. Zeitweise nennt er sie „Neue Mühle", der Name, der auch in historischen Karten zu finden ist. >>>

Gebräuchlicher wird aber seit 1850 die Bezeichnung Freimühle, die sowohl der Eigentümer als auch Amtspersonen gebrauchen. Die Frage, ob der Name auf das „Freiheitsjahr" 1848 oder auf die besondere Betonung als Privatmühle (freie Mühle, ohne Bannrecht, frei vom Mühlenbann) zurückzuführen ist, kann nicht eindeutig beantwortet werden; jedenfalls werden schon vor 1848 auch andere Mühlen so genannt. 1867 verstirbt Caspar Müller, nachdem er ein Jahr zuvor die Mühle an Michael Trumm übergeben hat. Von diesem erwirbt sie circa 1870 Ludwig Wolf; sein Vorname dient etliche Jahre als Standortbezeichnung „Ludwigsmühle". Ludwig Wolf vererbt die Mühle an den Sohn Peter, dieser wiederum an seinen Sohn Hermann (1919-1990). Im Jahre 1937 entsteht an der Stelle des alten Mühlenhauses ein Neubau mit moderner Mahltechnik auf zwei Walzenstühlen und einem Steinmahlgang zur Schrotherstellung. Angetrieben wird die Mühle jetzt mit einer Wasserturbine bei neun Metern Gefälle. Es wird auch Strom erzeugt und in das öffentliche Stromnetz eingespeist. Die Müller sind hauptsächlich als sogenannte Kundenmüller unterwegs, die mit Pferdefuhrwerken und später mit Lastwagen über Land fahren.

Hermann Wolf gibt den Mühlenbetrieb im Jahre 1956 auf und baut das Gebäude zu einem Tanzlokal um. Mit der Übernahme durch die Tochter Ingrid (geb. 1945) wird die Gaststätte 1993 um ein Hotel und ein Restaurant erweitert. Ingrid Haßler geb. Wolf und ihre Tochter Ute (geb. 1973) führen heute den Familienbetrieb.

15 GIROD-KLEINHOLBACH

Name: Michelmühle
Gewässer: Eisenbach
Lage: Kleinholbach zwischen A3 und L318
Art der Mühle: Getreidemühle (Erbenmühle)
Fotos: um 1950, 2015

Die 1566 erwähnte Michelmühle nimmt unter den Mühlen des Westerwaldes eine Sonderstellung ein, ist sie doch mit der Schultheißenmühle in Girod-Kleinholbach (Nr. 12) eine der beiden letzten, aktiv betriebenen Erbenmühlen. Als Michelsmühle ist sie schon 1566 urkundlich belegt. Sie geht im Krieg 1618/1648 zu Grunde und wird 1662 von sechs Männern aus Klein- und Großholbach, Ruppach und Girod wieder aufgebaut. Eine interessante Wortkombination verbindet einen Eigennamen (den des Erbauers?) mit der variablen Eigentümergesellschaft: 1774 Michel-Erbenmühl, 1934 Erbenmichelmühle. 1774 hat sie 48 Teilhaber, die den Pächter Jakob Müller verpflichten. Er soll dort wohnen, weil das einsam gelegene Gebäude sonst in „Unstand" gerate. Das geschieht aber erst 200 Jahre später. Bis 1943 kann noch jeder der damals 98 Berechtigten alle acht Wochen über einen ganzen oder einen anteiligen Mühlentag verfügen. In den letzten Kriegsjahren ruht der Betrieb. 1945 wird die Mühle wieder aktiviert. >>>

Im Heimat-Adressbuch für den Unterwesterwaldkreis 1956 ist die Mühle mit der irreführenden Bezeichnung „Genossenschaftsmühle“ als Haus-Nr. 24 aufgeführt. Die Mühle arbeitet bis etwa 1965. Die Erben zahlen 1970 den letzten Beitrag zur Unterhaltung von Gebäude und Mühlentechnik. Der letzte „Mühlenknecht“ ist Alfons Speier aus Kleinholbach. 1970 wird das Gebäude vermutlich durch Brandstiftung zerstört. Dem übriggebliebenen Wasserrad setzen Witterungseinflüsse so zu, dass es auch bald der Vergangenheit angehört. Bei der Flurbereinigung von Girod-Kleinholbach in den 1980er Jahren stellt das Mühlengrundstück mit ca. 60 Bruchteileigentümern die Flurbereinigungsbehörde vor ein großes Problem, denn viele Erben sind in der Zwischenzeit in alle Welt u. a. bis in die Vereinigten Staaten von Amerika verstreut. Trotz des Verkaufs einiger Anteile verzichtet man schließlich wegen des unverhältnismäßig hohen Verwaltungsaufwandes auf die Auflösung der Erbenmühlengesellschaft. Von der verfallenen Mühle sind nur noch Mauerreste zu sehen; der Mühlgraben (Zu- und Abfluss) ist noch deutlich zu erkennen. Auch an dieser Stelle ist eine Mühlenwüstung entstanden (Foto).

16 GÖRGESHAUSEN

Name: Görgeshäuser Mühle
Gewässer: Hambach
Lage: südlich des Dorfes an der Straße Görgeshausen – Diez
Art der Mühle: Getreidemühle, zeitweise mit Ölmühle, kurzzeitig Erbenmühle
Fotos: 1992, 2017

Die Ersterwähnung der Mühle 1564 ist nur eine Zwischenstation auf einem bereits längeren Weg ihres Bestehens. Zeitweise durch Kriegseinflüsse zerstört, erfüllt sie seit 1654 wieder ihre Funktion als Mahlmühle. Ob die Kennzeichnung als Peter Hemes „Erben-Mühle" den Status einer echten Erbenmühle wiedergibt, ist zweifelhaft, da bis Mitte des 19. Jahrhunderts stets nur von einem einzelnen Eigentümer berichtet wird. Spätestens seit 1786 ist ihr eine Ölmühle angegliedert, die auch nach 100 Jahren noch besteht.

Nachdem der Müller Georg Schütz gegen Ende des 18. Jahrhunderts verstorben ist, heiratet die Witwe einen Mann, den der Montabaurer Amtskellner Ostermann 1805 als eine Person „von unbeschrenkter Liederlichkeit" bezeichnet, der sich weder um die Frau und ihre sechs minderjährigen Kinder kümmert noch um den Betrieb der Mühle, die er verkommen lässt, wodurch ein Neubau von Grund auf notwendig ist. In ihrer Not wendet sich die Müllerin an ihren >>>

Landesherrn, Fürst Friedrich Wilhelm von Nassau-Weilburg und bietet ihm die Mühle einschließlich der darauf lastenden Schuld von über 300 Reichstaler zum Kauf an, um ihr die Mühle danach als Erbleihe zu überlassen. Die Hofkammer (Finanzverwaltung) empfiehlt dem Fürsten die Ablehnung des Gesuches und „dem Recht seinen Lauf zu lassen". Das bedeutet nichts anderes, als eine drohende Zwangsversteigerung zu gewärtigen. Nach einem Besitzerwechsel werden die bestehenden Gebäude niedergelegt und Johann Kloft errichtet 1817 ein neues Mühlenhaus mit Mahl- und Ölmühle.

Für das Jahr 1854 ist belegt, dass die zuletzt von Jakob Simon betriebene Mühle an eine Erbenmühlengesellschaft gelangt ist, der Bürgermeister Kröller von Gückingen vorsteht. Lange hat dieser Zustand als Gesellschaftsmühle wohl nicht bestanden, denn 1874 ist sie wieder in Privatbesitz von Adam Simon, der 1878 dem Konkurs verfällt, und zwar samt Mahl- und Ölmühle, Backhaus, Scheune und Stall. Erwerber ist die Gemeinde Eppenrod (VG Diez), die für den 20. August 1880 die freiwillige Versteigerung ankündigt. Wiederum im Besitz einer Einzelperson gehört das Anwesen 1910 dem Müller und Tagelöhner Philipp Bellinger, noch immer im Zustand einer Mahl- und Ölmühle. Der Zusatzberuf „Taglöhner" deutet bereits das nahende Ende der Müllerei an. Das lässt sich auch dem Einwohnerbuch für den Westerwald 1931 entnehmen. Dort ist Bellinger „o.B." (ohne Beruf) erwähnt. Die Mühle ist als Kulturdenkmal in der Liste des Landes Rheinland-Pfalz aufgeführt, u.a. wegen ihrer besonderen Dachform „Krüppelwalmdach". Am Karsamstag, dem 14. April 2017 bricht auf dem Speicher der Mühle ein Feuer aus, das erheblichen Schaden anrichtet. Inzwischen ist das Gebäude wieder renoviert.

17 GÖRGESHAUSEN

Name: **Jostenmühle**
Gewässer: **Hambach**
Lage: **vermutlich „In der Mühlenwies"**
Art der Mühle: **Mahlmühle**

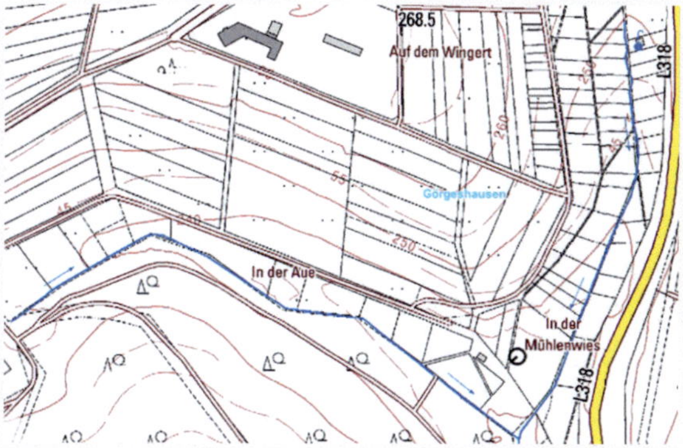

Die erstmals 1564 erwähnte Thiell Jostenmühle ist seit 1568 nicht mehr gangbar, mahlt wieder 1604–1627, liegt 1648–1653 wüst und wird wohl ab 1663 als eine Erbenmühle wieder betrieben. Darauf weist jedenfalls die Kennzeichnung als „Josten Erben-Mühle" hin. 1670 erfolgt eine Verlegung nach Niedererbach, wo sie unter dem wenig schmeichelhaften Namen „Trockenmühle" weiterbesteht. Zu ihrer dortigen Wiederverwendung siehe Niedererbach (Nr. 31).

Über den Standort sind keine Angaben zu ermitteln. Er kann im Bereich der heutigen Kläranlage „In der Mühlenwies" vermutet werden. Der markierte Luftbildausschnitt entspricht der obigen Liegenschaftskarte.

18 HEILBERSCHEID

Name: **Erbenmühle**
Gewässer: **„Scheidsbach“**
Lage: **in der Scheid (Mühlenwiese)**
Art der Mühle: **Getreidemühle**
Fotos: **Katasterkarte 1867, Urkunde 1801, 2017**

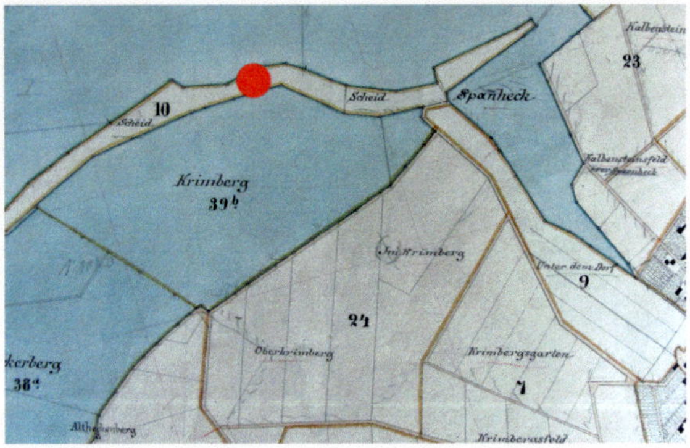

Am 3. Juli 1801 erlaubt der Trierer Kurfürst Clemens Wenzelslaus 40 „Nachbarn“, in der Mengwiese am Eisbach eine Mahlmühle für ihre „häusliche Mehlnothdurft“ zu erbauen (s. a. Foto der notariell beglaubigten Antragsurkunde vom Mai 1801). Nach der Genehmigung ist es den Gesellschaftern nicht erlaubt, Teilhaber aus anderen Dörfern aufzunehmen. Für Gebäude und Mühlentechnik fallen Kosten von wenigstens 1.500 Gulden an.

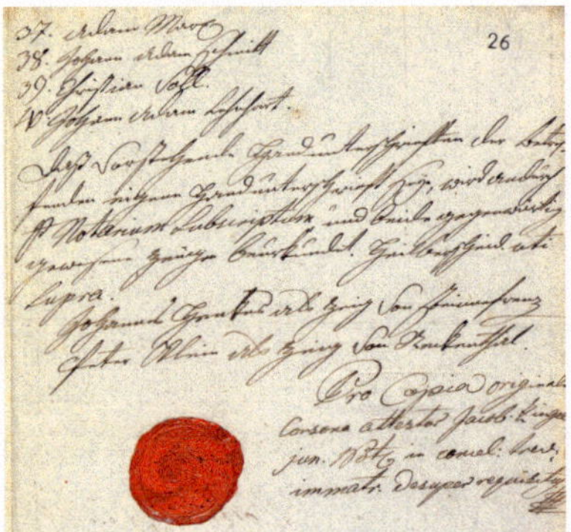

Nachdem im März 1803 der Mahlbetrieb an einer anderen Stelle begonnen hat, häufen sich die Probleme mit der Wasserzufuhr. Noch vor Jahresende muss wegen eingeschränkter Mahltätigkeit um Reduzierung der Wasserlaufgebühr von 2½ Malter Korn nachgesucht werden. Eine weitere Minderung erreichen die Mühlengesellschafter 1811 durch eine Ermäßigung auf ein Malter.

In einer Begründung wird offenkundig, warum das Mahlgeschäft nicht richtig in Gang kommen kann. Die Mühlenbesitzer haben nämlich den Bau nicht wie geplant am Eisenbach errichtet, sondern auf Anraten eines „Werkverständigen" wegen des „höheren Wasserfalls" an einem geringen Bach unterhalb vom Scheidsborn.

Die genaue Lage der Mühle ist nicht mehr bekannt. Die Dorfchronik von Heilberscheid verweist auf eine volkstümliche Flurbezeichnung „Mühlenwiese" in einem Teilbereich von Flur 1 „In der Scheid" s. Markierung in der Katasterkarte) entlang der 1901-1903 erbauten Kreisstraße 161, beginnend an der S-Kurve bis zur Einmündung des kleinen Baches in den Gelbach. Der Standort ist im Bereich der heutigen Kläranlage (Foto) oder der daunter liegenden Fischteiche zu vermuten.

Trotz der Herrichtung einer „Klause" (Wassersammelbecken) reicht das Wasser bei trockener Witterung nach vier bis fünf Tagen nur zum Mahlen eines halben Zentners Getreide. Die Bauern besorgen das Mahlgeschäft nicht selbst, sondern jeder Teilhaber trägt durch Sach- und Geldleistungen zur Entlohnung des „Mühlenknechtes" bei. Nach Ansicht des Montabaurer Kellners Ostermann (Leiter der Finanzstelle), verursacht die Mühle ihren Erbauern mehr Schaden als Nutzen. Er rät deshalb 1811 den Mühlenerben, das Gebäude auf Abbruch zu verkaufen oder an eine geeignete Stelle am Eisenbach zu verlegen. Die Geschichte der Erbenmühle nimmt jedoch einen anderen Verlauf: Balthasar Henkes von Boden erwirbt das Anwesen und verlegt die Mühle nach Heiligenroth (Nr. 22).

19 HEILBERSCHEID

Name: Ölmühle
Art der Mühle: Ölmühle
Lage und Gewässer: unbekannt
Foto: Kollergang einer Ölmühle

Heilberscheid, 1364 Bernscheid, erst 1577 Hilenberscheidt. Die Filialkirche B. Mariae V. wurde 1890 erbaut. Güter trugen hier die von Offheim 1369 vom Stift Dietkirchen zu Lehen, die später an die von Hoenberg kamen. Gefälle zogen hier 1364 die Grafen von Nassau-Hadamar, 1525 das Kloster Brunnenburg, die Kessel von Bergen zu Montabaur, die Präsenz zu Diez, die Kirchen zu Eppenrod und Girod, das Kloster Marienstatt, die Kirche, die Präsenz, das Spital und die Nonnenberger zu Montabaur, die von Mudersbach, die Kellerei Nassau und die vom Stein. Die hiesige Ölmühle war 1653 seit 3 Jahren nicht gegangen.

Die Ölmühle zu Heilberscheid gehört zu den Mühlen in der Verbandsgemeinde Montabaur, über die nur Weniges überliefert ist. 1648, 1650 und 1659 verbucht die Kellerei (Finanzstelle) Montabaur Einnahmen in Form von Öl aus dieser Mühle. Dr. Hellmuth Gensicke, Archivdirektor im Hessischen Hauptstaatsarchiv Wiesbaden (verst. 2006), unbestritten der beste Kenner der Westerwälder Geschichte, erwähnt in seinem Beitrag über die vier Kirchspiele Hundsangen, Meudt, Nentershausen und Salz die Mühle nur mit dem einen Satz: „Die hiesige Ölmühle war 1653 seit drei Jahren nicht gegangen". Weitere Einzelheiten über Lage, Gewässer, Betreiber und Bestandszeit liegen im Verborgenen. Das Foto zeigt beispielhaft den Kollergang der wieder aufgebauten Ölmühle Frickhofen im Landschaftsmuseum Westerwald in Hachenburg.

20 HEILIGENROTH

Name: **Hermoldermühle**
Gewässer: **Ahrbach**
Lage: **südlich von Heilgenroth, unterhalb der Hermolder Brücke**
Art der Mühle: **Getreidemühle (Erbenmühle)**
Fotos: **um 1920 mit Brückenbrüstung, 1925**

Bereits 1723 steht in der Hermolder ein Haus. Am 20. Juli 1831 erhält Jakob Müller die Konzession zum Bau einer Mahlmühle „unterhalb des Ortes in der Entfernung von 10 Ruten von der Landstraße, welche von hier nach Limburg führt, an der sogenannten Hölmolderbrücke". Die Mühle kommt am 31. Dezember 1832 in Gang. Nach einer Zwischennutzung als Wollspinnerei in den 1830er Jahren veräußert sie deren Eigentümer Heinrich Thürk. Von ihm erwerben Schultheiß Fries und 41 Teilhaber 1849 das Mühlenanwesen und betreiben es als Erbenmühle. Eine Zeitungsanzeige von 1868 lässt uns wissen, dass die „Heiligenrother Mühlengesellschaft" einen „reellen Mahlknecht sucht, der eine Mahlmühle alter Konstruktion bedienen kann". Im Gegensatz zu anderen Erbenmühlen, bei denen die Teilnehmerzahl zunimmt, geht sie bei der Hermolder Mühle bis 1874 von 41 auf 23 zurück, von denen 18 aus Heiligenroth, drei von Goldhausen und zwei von Ruppach stammen. Um 1900 zieht der letzte Müller aus. Die Mühle wird aber von den Erben noch 10 Jahre unterhalten. Danach verwahrlost sie zunehmend. Ein Montabaurer Klosterbruder, der sich nicht in die Gemeinschaft einordnen kann, betreibt die Mühle einige Jahre nicht besonders erfolgreich. Um 1920 wird der Betrieb ganz eingestellt. Das Gebäude gelangt nach dem Kauf von einigen Anteilen in den Besitz von Georg Schardt, der jedoch niemals Alleineigentümer wird.

Er betreibt dort – offensichtlich mit Billigung der übrigen Miteigentümer – von 1924 bis Ende der 1920er Jahre die „Restauration Hermoldermühle" und bewirbt sie als Ausflugslokal. Sein Antrag an die Stadt Montabaur, ihn mit Strom zu versorgen, wird abgelehnt. Schardt eröffnet um 1929 in der Nähe der Mühle, unmittelbar an der Straße in Richtung Montabaur, ein Tanzlokal, das nach relativ kurzer Zeit bis ca. 1960 als Gaststätte fortgeführt wird. Georg Schardts Sohn Karl lebt noch einige Jahre ohne Strom- und Wasseranschluss allein in der einstigen Mühle. Fortan ist ihr Verfall nicht mehr aufzuhalten und führt schließlich 1982 zum gänzlichen Abriss durch die Ortsgemeinde Heiligenroth. Seitdem ist der Platz unterhalb der Brücke über den Ahrbach eine Mühlenwüstung. Die Erbengesellschaft ist bis zum heutigen Tag nicht aufgelöst. Georg Schardt steht unter der letzten Nummer 69 mit einem Anteil von 3/84 im Eigentümerverzeichnis.

Für den Namen Hermolder gibt es außer dem nicht wahrscheinlichen Hinweis auf die gleichnamige Mühle und die „Molder = Molter" genannte Mühlenabgabe – der Flurname ist älter als die Mühle – noch weitere Deutungen: Der Hohlweg mit der Talmulde dürfte den Namen Hohl oder Hohlmulder geprägt haben. Ebenfalls häufig erscheint der Name auch mit Hollmolter. Wenn man dem zweiten Wortteil „Mulder" oder Molter nachspürt, stellt man eine Ähnlichkeit mit dem aus dem Altdeutschen stammenden Wort „Mutta" = Molda - lockere Erde oder Staub fest. Auch für Maulwurf - „Moltertier" und für Maulwurfshügel - „Molderhibbel" ist der Ausdruck gebräuchlich. So könnte dieser Wortteil bei der Namensgebung ebenfalls Pate gestanden haben, wenn der Hohlweg durch Staub und lockere Erde geprägt war. Schließlich könnte der Name mit Höll- oder Höllenmulde zu deuten sein, ähnlich Höllental, Höllenklamm, Höllengrund. Anfang des 19. Jahrhunderts lauten viele Eintragungen in Landkarten auf Höll- oder Hölmolter.

21 HEILIGENROTH

Name: Sabelsmühle, Ahrbachmühle, Flucksmühle
Gewässer: Ahrbach
Lage: südlich von Heilgenroth, Mühlenweg 1
Art der Mühle: Getreidemühle, Ölmühle
Fotos: 1912, 1969, Anzeige ca. 1990, 2016

Nach den Aufzeichnungen des Montabaurer Kellerers Fier aus dem Jahre 1744 wird die Mühle lange Zeit vor derjenigen von Wirzenborn genannt; die Wirzenborner Mühle sei aber im Jahre 1486 erbaut worden. Zweifel sind angebracht, da zum ersten Mal im Jahre 1548 in Heiligenroth eine Nolden-Erben-Mühle erwähnt wird. Sie ist eine Privatmühle ohne Bannrecht. Immer wieder gibt es Streitigkeiten um die Mahlgäste, vor allem mit dem Müller von Wirzenborn. Die Gemeinde Heiligenroth legt gesteigerten Wert darauf, dass die Ortsbewohner in ihrer Mühle mahlen dürfen. Während des 30jährigen Krieges wird die Mühle zerstört. 1656 erwirbt die Gemeinde den Mühlenplatz, baut die Mühle wieder auf und verkauft sie an Arnold Kurtenacker und 24 „Genossen". Sie kann als sehr frühe Gesellschaftsmühle gelten, denn bereits 1786 nennt sie der Montabaurer Amtsverwalter Damian Linz eine Erbenmühle. Bald nach 1800 ist Adam Henkes ihr Besitzer. Nach seinem Tod 1830 wird sie Eigentumsmühle der Familie Sabel und ist 1854 unter Mathias Sabel als Mühle mit einem Mahlgang und einem Ölgang verzeichnet, mit dieser Ausstattung auch noch 1870. Es ist nicht überliefert, ob der Ölgang erst bei dem durch Brandstiftung am 16. Juni 1930 völlig eingeäscherten Mühlengebäude sein Ende gefunden hat.

Zu dieser Zeit ist Jakob Neuroth Eigentümer der Mühle. Nach dem Wiederaufbau als Getreidemühle und einem Konkurs erwirbt der Wiesbadener Johann Fluck 1932 das Eigentum. Die Mühle wird zu dieser Zeit zwar betrieben, ist aber wohl nicht bewohnt, denn am 15. Februar 1933 verschwinden durch einen Diebstahl „Mühlenmaschinen“ im Wert von 4.000 Reichsmark. Zu einer lokalen Berühmtheit wird die Mühle 1968: Der ehemalige hessische Minister für Arbeit, Wirtschaft und Verkehr, Gotthard Franke, „entdeckt dieses ideale Tal“, renoviert die vernachlässigte Bausubstanz und richtet die „Kurpension Kneipp-Mühle Heiligenroth“ mit Badehaus und Sauna ein. Nach Frankes Tod am 8. Februar 1975 kommt der Kurbetrieb zum Erliegen. Eine neue Verwendung findet die einstige Sabelsmühle, mittlerweile Ahrbachmühle genannt, durch die 1986 angekündigte Eröffnung eines „Hotel & Restaurant“ mit Schwimmbad und Sauna. So wie der Mühlenbetrieb Ende der 1950er Jahre zum Erliegen gekommen ist, geschieht dies auch mit der Gastronomie in den 1990er Jahren. Die seit 2006 dort wohnende Familie ist durch Sanierungsarbeiten am Erhalt der Gebäude sehr interessiert.

22 HEILIGENROTH

Name: Schlatmühle
Gewässer: Ahrbach
Lage: Schlatweg 14
Art der Mühle: Getreidemühle
Fotos: um 1912, 1990 (Inserat), 1993, 2019

Für Balthasar Henkes, Sohn des Wirzenborner Müllers Adam Henkes, ist es wohl eine günstige Gelegenheit zu einer eigenen Mühle zu kommen: Im Jahre 1801 erhalten in Heilberscheid 40 Interessenten die Erlaubnis zum Betrieb einer Erbenmühle (Nr. 18). Sie müssen jedoch die 1803 in Gang gekommene Mühle wegen des geringen Wasserzulaufes zum Abbruch verkaufen. Henkes erwirbt 1819 eine Konzession zum Aufbau dieser Mahlmühle in Heiligenroth. Sie wird von dem Müller Balthasar Henkes zwar erbaut, aber von Hofrat Löhr aus Montabaur finanziert und im Dezember 1823 in Gang gesetzt. Nach ihrem Standort „Auf der Schladt" heißt sie fortan Schlatmühle. Bereits nach sieben Jahren muss Henkes aus Geldnot aufgeben. Nach weiteren Besitzern erwirbt 1887 Peter Klein (geb. 1853, Foto um 1912, rechts) die Mühle. Im Jahre 1930 folgt Josef Klein (geb. 1899, Foto 1912, 3. v. l.) auf seinen Vater Peter. Der Enkel, Müllermeister Werner Klein

(geb. 1932, verstorben 1999), bewirtschaftet die Mühle von 1965 bis zum 31. Dezember 1993 mit einer Jahresleistung von zuletzt 300 Tonnen Getreide. Werner Klein (Foto 1993) ist der letzte Berufsmüller im Westerwaldkreis. Die neuen Eigentümer bauen die unter Denkmalschutz stehende Mühle in ein modernes Mehrfamilien-Wohnhaus um. Die aus dem Jahre 1948 stammende Mahltechnik ist in das Wohnhaus integriert. Das Wasser des Ahrbachs treibt immer noch die Turbinen im Keller an. Ein Generator der sog. EEG-Anlage (Erneuerbare-Energien-Gesetz) erzeugt im Jahr zwischen 4.000 und 15.000 Kilowattstunden Strom, der in das öffentliche Leitungsnetz eingespeist wird. Mit nur 170 „Mühlenjahren“ (1823–1993) gehört die Schlatmühle nicht zu den langlebigsten Mahlstätten in der Verbandsgemeinde Montabaur. Sie ist jedoch die am längsten betriebene Getreidemühle überhaupt.

23 HOLLER

Name: **Obermühle**
Gewässer: **Niederelberter Bach**
Lage: **westlich der Ortslage**
Art der Mühle: **Getreidemühle (Erbenmühle)**
Fotos: **1917, 1991**

Bereits 1453 verzeichnet die Hadamarer Kellereirechnung Einnahmen von einem Malter Korn aus der Mühle zu Holler (Hondair). Während dieser Eintrag keinen Mühlenbesitzer nennt, heißt es 1458, Eigentümer seien „etliche Erben". Somit gilt die Mahlstätte als Erbenmühle. Seit 1664 ist dies ihr offizieller Name. Als bis 1715 die ursprünglich vier Anteile an der Mühle auf „viele Hausstätten" übergegangen sind, greift die kurfürstlich-trierische Hofkammer (Finanzverwaltung) ein und erlaubt nur vier Haushaltungen, sich der Mühle zu bedienen. Diese Einschränkung und die Missachtung des Verbotes der Aufnahme weiterer Teilhaber, führt während des 18. Jahrhunderts zu einer Reihe von Prozessen. Schließlich wird die Höchstzahl der Erbmühlenberechtigungen auf 20 festgesetzt. Doch auch diese Begrenzung hat keinen Bestand, denn 1784 verfügen 43 Familien aus Niederelbert, Holler, Untershausen, Stahlhofen, Bladernheim, Reckenthal und Wirzenborn über jeweils einen halben Mühlentag, d.h. sie dürfen sich jeden Monat an einem halben Tag der Mühle bedienen.

Clevere Dorfbewohner finden auch als Nichtmühlenerben Mittel und Wege, ihr Brotgetreide in besagter Mühle zu mahlen, wenn mehrere eben einen halben Mühlentag nutzen. Auch wenn die auf 43 begrenze Teilnehmerzahl noch bis 1853 konstant bleibt und 1972 auf 54 ansteigt, tritt durch Vererbung von 1/43- bzw. 1/54- Anteilen eine Vermehrung bis z.T. 1/430 ein. Darunter befindet sich 2002 auch ein herrenloser Anteil von 1/86. Infolge veränderter Verbrauchergewohnheiten, z.B. durch die Anschaffung eigener Schrotmühlen durch die Bauern bzw. das Verlangen nach helleren Mehlsorten oder notwendige Modernisierungen der Mühlentechnik. Ende der 1950er Jahre erlöscht das Interesse der Mühlenerben an ihrem Unternehmen. 1972 versuchen fünf Miteigentümer durch ein Zwangsversteigerungsverfahren die Eigentumsfrage zu klären, jedoch ohne Erfolg. Gebäude und Einrichtung bleiben fortan sich selbst überlassen und dem Verfall preisgegeben. Romantiker könnten versucht sein, das von vielem Grün umgebene Mühlenhaus als Märchenmühle zu betrachten.

24 HOLLER

Name: Untermühle
Gewässer: Ortseingang aus Richtung Montabaur (in der „Mielhohl")
Lage: westlich der Ortslage
Art der Mühle: Getreidemühle (Erbenmühle)
Fotos: 1917, 1920

Der Name der meist Heimbergermühle genannten Unteren Erbenmühle ist zurückzuführen auf den Hollerer Heimberger Bestges (Sebastian) Christ, der im Auftrag seines Landesherrn, des Trierer Kurfürsten, die Amtsgeschäfte des Bannes und der Gemeinde Holler als Heimberger (Verwalter) und Bürgermeister besorgt hat. Da die zeitlichen Angaben um Jahrzehnte schwanken, kann der Mühlenerwerb durch Bestges Christ von seinem Schwiegervater aus Isselbach im Gelbachtal nur ungefähr mit 1653 angegeben werden. Bedingt durch mangelnde Fachkenntnisse, Unerfahrenheit und Misswirtschaft, reiht sich ein Betreiber an den anderen. 1835 ist es Johann Peter Hübinger, der Konkurs anmelden muss. Neuer Mühlenbesitzer und -bewohner wird der Stahlhofener Lehrer Georg Josef Petmecky. Das kann nicht gut gehen, wegen der Residenzpflicht an seinem Dienstort.

Von der Aufsichtsbehörde gedrängt, verkauft Petmecky 1836 die Mühle, und zwar an den Limburger Bäckerssohn Anton Sabel. Von ihm erwirbt sie 1838 eine just von 52 Interessenten gebildete Mühlengesellschaft. Dadurch wird die Heimburgermühle zu einer (zweiten), der „Unteren" Erbenmühle. Ihre 58 Besitzer kommen 1853 aus Montabaur (21), Holler (17), Stahlhofen (9), Niederelbert und Untershausen (je 3), sowie fünf weitere aus Daubach, Reckenthal, Bladernheim, Wirzenborn und Ruppenrod. Das stattliche Fachwerk-Mühlenhaus bietet Platz für die Mühlentechnik und eine sehr geräumige Wohnung. Nach dem 1. Weltkrieg und dem Tod des Müllers „Mille-Pitt" (Peter Herborn, im Foto mit Frau Katharina, gen. Mille-Kathrin) verfällt das Gebäude, wird aber 1934 von 15 Stämmen aus Holler, Untershausen und Daubach wieder neu gebaut und modern eingerichtet. Ihre Funktion behält die Mühle nur noch bis Anfang der 1950er Jahre. Fortan dient die einstige Erbenmühle als Wohnhaus. Die Mühlenteilhaber verkaufen ihr Besitztum Mitte der 1950er Jahre, weil sich der Eigenbetrieb nicht mehr gelohnt hat.

25 HORBACH

Name: Weismühle
Gewässer: Daubach
Lage: südlich des Dorfes
Art der Mühle: Getreidemühle
Foto: 1920

Die Entstehungszeit und die frühe Geschichte der Weismühle lassen sich nur schwer fassen. Als gesichert erscheint ihre Existenz vor 1666. Ob sie schon vor dem 30-jährigen Krieg (1618–1648) bestanden hat, ist nicht zu belegen. Von 1731 rührt der Eintrag in der Montabaurer Kellereirechnung: „Von der Mühle unter Daubach, die Weissermühle genannt“, womit Johannes Freund belehnt ist. Sein Vorgänger, Johannes Frink, hat sich aus einem nicht genannten Grund 1708 von der Mühle entfernt („ohne Ziel verlassen“), weshalb eine Neubelehnung stattfinden muss. Die überlieferten Unterlagen geben auch keine Auskunft darüber, warum von dieser Mühle die Wasserpacht in Geld zu entrichten ist anstatt in Frucht. Nach den Angaben in der Montabaurer Amtsbeschreibung von Damian Linz (1786) handelt es sich um eine Erbenmühle, was jedoch andere Belege nicht bestätigen.

Über den Pachtwert der Mühle erwähnen die Unterlagen, dass nach dem Tod des Müllers Christof Heinze (1822) das Mahlgeschäft ausgesetzt ist, jedoch entschließen sich die Waisenkinder bald darauf, die Mühle für Naturalien im Gegenwert von 30 Gulden jährlich auf Zeit zu verpachten. Zahlreiche Gesuche um Minderung der Wasserpacht, speziell für diese Mühle an dem noch kleinen Daubach, füllen viele Blätter in den Mühlenakten des Wiesbadener Hauptstaatsarchivs. Wann das Gebäude seine Funktion als Mühle eingebüßt hat, lässt sich nur grob umreißen, wahrscheinlich schon bald nach dem Ersten Weltkrieg. Albert Noll ist wohl der letzte Müller gewesen. Er verkauft das Haus 1957 an den Pächter des Stahlhofener Basaltbruches Heinrich Uhrmacher. Aus dem umgebauten und baulich veränderten Wohnhaus wird nach 1980 eine Art Wochenendhaus.

26 KADENBACH

Name: **Gemeindemühle**
Gewässer: **Abfluss des Krämerbrunnens**
Lage: **Bergstr. 1**
Art der Mühle: **Getreidemühle**
Foto: **ca. 1955**

„Die Gemeinde des Dorfes Kattenbach stehen unterthänigst an um gnädigste Erlaubnis, eine Mahlmühle im Dorf daselbsten gegen die Gebühr auf ihre eigenen Kosten aufzubauen". Mit diesen Worten bittet die Gemeinde im Januar 1683 ihren Landesherren, den Kurfürsten von Trier, um die Erlaubnis zum Bau einer Mahlmühle. Anlass zu diesem Schritt ist die Unzufriedenheit der Dorfbewohner mit dem Quasi-Bannmüller und dessen Mühle im Mündungsbereich des Kadenbaches unterhalb von Arzbach. Der Kurfürst gibt dem Antrag nicht statt. Er lässt jedoch erkennen, dass er bei weiteren Unregelmäßigkeiten des Müllers durchaus bereit sei, der Bitte zu willfahren. So geschieht es denn auch, allerdings erst nach acht Jahren, am 13. März 1691. (Arzbach hat bereits 1685 die Genehmigung zum Bau einer eigenen Mühle im Dorf erhalten). Kadenbach errichtet auf eigene Kosten den angestrebten Mühlenbau, und zwar an dem einzigen das Dorf durchquerenden Gewässer(chen), dem Abfluss des Krämerbrunnens, der die dörfliche Viehtränke mit Wasser versorgt. Liefert das Bächlein an sich schon nur wenig Energie zum Antrieb des Mühlrades, so führen außerdem um 1760 mehrere Erdbeben zu einer Verlagerung des Wasserlaufs. Bestrebungen des Mühlenbetreibers, sich durch teilweise Ableitung des Plätzerbaches weit oberhalb des Dorfes im Montabaurer Wald, eine zusätzliche Energiequelle zu sichern, schlagen fehl. Unter Berücksichtigung des Wassermangels reduziert die kurfürstliche Finanzverwaltung die Pacht von zwei auf ein Malter Korn. Das sichert der Mühle zwar ihr Fortbestehen, dem Müller aber nur einen sehr bescheidenen Verdienst. Durch Armut gezwungen, muss die Müllerfamilie den Betrieb aufgeben und sich der Zwangsversteigerung beugen. Es gehört viel Mut dazu, dass der aus dem Sayntal stammende Jungmüller Johann Bender 1794 das Wagnis der Fortführung des Mahlbetriebes auf sich nimmt. Doch spätestens 1814 glaubt er, „trotz der größten Anstrengung", sich auf einen Ruin einstellen zu müssen. Einen Ausweg sieht er nur in der Verlegung seiner Mühle an einen wasserreicheren Bach. Mit mittlerweile fürstlichweilburgischer Genehmigung transferiert er 1815 die Kadenbacher Mühle an den Platz der ehemaligen Vallendarer Hütte zwischen Neuhäusel und Hillscheid. Dort kann sie sich unter dem Namen Hüttenmühle bis in die Mitte der 980er Jahre als Getreidemühle halten. An dem einstigen Mühlenplatz in Kadenbach befindet sich ein ehemaliges Bauerngehöft, das heute nur noch zu Wohnzwecken genutzt wird.

27 KADENBACH

Name: **Kleinmühle (Mühlchen)**
Gewässer: **Rosenbach**
Lage: **an der Straße Kadenbach/Arzbach**
Art der Mühle: **Getreidemühle (Erbenmühle)**
Foto: **ca. 2000**

Zweiundvierzig Jahre nach Verlegung der ehemaligen Kadenbacher Gemeindemühle in die Vallerau (Hillscheid), genehmigt die Nassauische Landesregierung in Wiesbaden am 18. August 1856 dem Philipp Baumann und 24 „Genossen" die Erbauung einer Mahlmühle am Mühlenberg unterhalb des Dorfes. Das zweistöckige mit Bruchsteinen erbaute Mühlenhaus – mit einem im Gebäude befindlichen Wasserrad – kann ab Oktober 1857 seine Funktion als Gesellschaftsmühle übernehmen. Bei freier Wohnung in der Mühle besorgt ein angestellter Mühlenbursche für die Gesellschaft das Mahlen des Getreides. Im Jahre 1859 gehört die Mühle 40 Teilhabern, von denen 28 aus Kadenbach, 10 aus Eitelborn und zwei aus Neuhäusel stammen. Bis zum Jahrhundertwechsel 1800/1900 zersplittern die Anteile unter den Erben der Gründungsteilnehmer der Mühlengesellschaft auf bis zu 1/300. Wie schon die frühere Gemeindemühle, so leidet auch die Erbenmühle unter Wasserzufluss. Das kommt in einer Stellungnahme des Montabaurer Amtmannes Ludwig Heinrich Gieße vom 13. September 1859 durch die Bemerkung zum Ausdruck, bei der

Erbenmühle handele es sich um ein „Wasserwerk von unbedeutender Wasserkraft". Jedoch ist dies nicht der alleinige Grund gewesen, warum die Funktion als Mahlmühle um 1900 erloschen ist. Dazu beigetragen hat wohl auch das nachlassende Interesse der Mühlenerben an ihrem Unternehmen infolge beruflicher Umorientierung außerhalb der Landwirtschaft. Deutlicher als durch sinkende Erlöse beim Verkauf von Mühlenanteilen kann das nicht dokumentiert werden: 1877 wird noch 1/30-Anteil für 67 Mark veräußert, während 1/60-Anteil 1881 nur fünf Mark wert gewesen ist. Bald nach 1880 hat überhaupt kein Interesse mehr am Kauf von Anteilen bestanden. Seit 1902 gehört das örtlich als „Mühlchen" bezeichnete Gebäude wechselnden Eigentümern als Wohn- oder Wochenendhaus. Auch bei dieser, der zweiten Kadenbacher Mühle, bewahrheitet sich wieder einmal, was ein Westerwälder Müller vor Zeiten so ausgedrückt hat: „Nichts ist störender für ein Mühlengeschäft als Mangel an Kraft".

28 NIEDERELBERT

Name: Erbenmühle
Gewässer: Stelzenbach
Lage: Eichelberg
Art der Mühle: Getreidemühle (Erbenmühle)
Fotos: um 1920, Dorfbrunnen 2017

Von 1818 bis 1951 existiert im Bereich des Eichelberges, dem heutigen Neubaugebiet, eine Erben- oder Gesellschaftsmühle. Johann Adam Spitzhorn und 41 „Consorten" haben hier eine Mahlmühle erbaut, die 1819 ihre Tätigkeit aufnimmt, indem sie das Getreide ihrer Gesellschafter mahlt. Auf dem Gelände hat bereits früher eine Mühle bestanden, die in den Akten von 1810 als Lohmühle bezeichnet wird.

Die Erbenmühle oder „Erwer Miehlsche" gerät wegen Wassermangel immer wieder in Schwierigkeiten, sodass die „Mahlzeiten" auf eine geringere Stundenzahl eingeschränkt werden müssen. Schon 1874 wird die Mühle nur noch 4 Monate im Jahr betrieben. Das Gebäude sowie alle dazugehörigen Bauwerke sind abgerissen. Überreste sind nicht mehr erkennbar. Wie an anderen Stellen, so entsteht auch hier zunächst eine Mühlenwüstung, bis in neuester Zeit eine Überbauung stattfindet.

29 NIEDERELBERT

Name: **Dorfmühle, Metternichsmühle**
Gewässer: **Stelzenbach**
Lage: **Ortsmitte, Mühlenweg 5**
Art der Mühle: **Getreidemühle**
Fotos: **ca. 2017**

Die mit einem Ortsnamen versehene Bezeichnung eines Mühlenanwesens deutet meist dessen Lage innerhalb einer Siedlung an. Beispiele sind: Allmannshausener Mühle, Ettersdorfer Mühle und eben Niederelberter Dorfmühle. Diese Aussage findet ihre Bestätigung durch eine Eintragung in der 1548er Kellereirechnung von Montabaur: „Die Muele im Dorf gibt jährlich den Grafen von Sporkenburg 4 Malter und der von Mölnbach 2 Malter". Es gibt auch Fälle, dass eine Zweckbestimmung ausgedrückt werden soll, im Sinne „für" einen bestimmten Ort. Letzteres trifft auf die oben genannte Mühle nicht zu, denn ihre Zuständigkeit erstreckt sich auf beide Elbert und Welschneudorf. Mit diesem Hinweis rückt auch ihre rechtliche Stellung als Bannmühle für die drei Ortschaften in den Mittelpunkt unserer Ausführungen. Bis Anfang des 19. Jahrhunderts gehört sie als externer Teil zur Herrschaft Sporkenburg bei Eitelborn. Die Namen der Inhaber dieser Grundherrschaft sind stets auch der Mühle eigen gewesen: Sporkenburger-, Helfensteiner-, Nassau-Sporkenburger- und Metternich'sche Mühle. Für diese Adelsgeschlechter und mithin für die Mühlenpächter ist es eine Selbstverständlichkeit gewesen, dass die Mühle die Bewohner der erwähnten Dörfer mit Getreideprodukten versorgt, und zwar nur sie allein und in fester Bindung.

Die Frage, ob mit der Mühle eine Banngerechtigkeit verbunden gewesen ist, unterliegt unterschiedlichen Ansprüchen und Interpretationen. Für den Status einer Bannmühle spricht die Urkunde von 1582, in der Heinrich von Nassau, Herr zu Sporkenburg, dem „Arnolts Hentches Bastian" die „Bann Mühl zu Niederelbert" 14 Jahre lang zum Gebrauch überlässt. Dem steht entgegen, was der Montabaurer Amtsverwalter Damian Linz 1786 in seiner Beschreibung des Amtes dazu ausführt: „Im Amt Montabaur gibt es keine Bannmühlen mehr, nur die gräflich Metternichische Mühle in Niederelbert. Der Betreiber (gemeint ist der Mühlenpächter Peter Nebgen) erhebt Anspruch auf den Bann über Nieder- und Oberelbert. Er steht deshalb im Prozess beim Amt. Er hat aber noch keinen Beweis erbracht und wird ihn schwerlich erbringen können. (Welschneudorf gelingt es 1762, sich dem Bann zu entziehen, und zwar mit dem Argument, der Müller könne die Bannpflicht für die Gemeinde nicht beweisen). Eine 1812 getroffene amtliche Entscheidung bestätigt im Nachhinein die Vermutung des Amtsverwalters. 1811 kauft Oberforstrat Heinrich Jäger vom Fürsten von Metternich den größten Teil der Sporkenburger Besitztümer und somit auch die Mühle in Niederelbert. Nach fast 425 Jahren (Ersterwähnung 1387) und eines kriegsbedingten Stillstandes (1632–1683), gelangt die Mühle von Adels – in Bürgerhand und ist ab 1811 erblich an Mitglieder der Familie Müller verliehen. Durch die Ablösung der Erbleihe 1840 wird Johann Josef Müller vom Nutznießer zum Eigentümer der immer noch Metternichsmühle genannten Mahlstätte. Die Zeit bis zur Stilllegung des Mühlenbetriebes ist geprägt durch eine günstige wirtschaftliche Entwicklung in dreifacher Hinsicht:

als Getreidemühle mit Wasser- und zeitweise Dampfkraft, als Bauernhof und schließlich noch bis ins zweite Jahrzehnt des 20. Jahrhunderts als Bäckerei. Mit der Übernahme der Mühlen-, Wohn- und Landwirtschaftlichen Anlage durch Peter Knoll 1984 beginnt eine ganz anders geartete Umstellung auf ein denkmalgeschütztes Ensemble mit weitgehender Einbeziehung der restaurierten Mühlentechnik. Ein erfreuliches Beispiel – ähnlich dem der Neumühle in Dies – wie aus einem traditionellen Handwerksbetrieb eine für die Nachwelt erhaltenswürdige Mühlenwohnanlage mit zwei Wohnungen durch Verständnis, Geschick und mit staatlicher Unterstützung geschaffen worden ist.

30 NIEDERERBACH

Name: Kleinmühle
Gewässer: Erbach
Lage: Obererbacher Str. 4
Art der Mühle: Getreidemühle
(zuletzt Erbenmühle)
Fotos: ca. 2017

Von dieser Niedererbacher Mühle sind der Name des Erbauers und der Tag der Konzessionserteilung gut dokumentiert. Es handelt sich um Johannes Cunz, der am 14. Juli 1729 die Erlaubnis erhält, eine Mahlmühle mit einem Gang auf seine eigene Kosten und gegen Entrichtung einer jährlichen Wasserlaufabgabe von zwei Maltern Korn erbauen zu dürfen. Wie bei vielen Dorfmühlen üblich, werden Vor- und/oder Familienname der Eigentümer zur Unterscheidung von einer oder mehreren gleichartigen Gewerbebetrieben in der Gemeinde zum Mühlennamen, und zwar nicht nur im Amtsgebrauch. Auf diese Weise wird aus der Johann-Cunzen-Mühle die Christ-Schützenmühle (1729) oder die Kalteierische Mühle nach ihrem Besitzer Johann Kalteier. Als jedoch 1819 über sein Vermögen der Konkurs erkannt wird, kommt in einer Bekanntmachung die Andeutung ihres später gebräuchlichen Namens vor, nämlich „Johann Kalteyer von der kleinen Mühle bei Niedererbach". Bald verdrängt die Bezeichnung „Kleinmühle" alle früheren und bleibt bis zu ihrer Niederlegung 1932 bestimmend für das Objekt. Dadurch kann sowohl die „Kleinheit" des Gebäudes zum Ausdruck kommen als auch eine nur eingeschränkte Auslastung der Mahltechnik. Die im Spätjahr 1850 gegründete Vereinigung zur gemeinsamen Unterhaltung und Nutzung der Mühle nennt ihr erster Vorsteher als Mühlenmeister, Bürgermeister Hastrich, „Kleinmühle" und ihre Gesellschafter „Kleinmühle – Erben und Eigenthümer". Sie verfügen über ein zweistöckiges Wohnhaus mit Mühle und einer halben Scheune mit Stall sowie einen Mühlenteich, genannt „Wasserbehälter", um das Betriebswasser des noch kleinen Erbaches über Nacht aufstauen, d.h. sammeln zu können. Als im Mühlenfach Unkundige, haben sie einen Mühlenknecht unter Vertrag genommen. Sie nennen es „gedingt oder gemuthet". Unter Gewährung freier Wohnung in dem Mühlenhaus obliegen ihm das Mahlgeschäft, das Schärfen der Mühlsteine sowie kleinere Reparaturen und andere handwerkliche Tätigkeiten am und im Gebäude. Die Nutzung der Wohnräume erfährt eine Einschränkung, indem ein Zimmer mit einem Ofen den Mühlengästen als Aufenthaltsraum während des Mahlvorganges vorbehalten bleibt. Erstmals wird am 6. November 1850 Martin Göbel als Mühlenknecht gegen 15 Gulden Jahreslohn gedingt. Es kann davon ausgegangen werden, dass ab etwa 1900 die Bauern als „Selbstvermahler" keinen Mühlknecht mehr benötigt haben. Nicht verzichtet werden kann auf die zeitlich begrenzte Inanspruchnahme eines Technikers für Schäden (Verletzungen) am Mühlengetriebe. Unter der treffenden Berufsbezeichnung „Mühlenarzt" ist er Helfer in der Not, wenn die Mühle „nicht mehr geht". Trotz ihres wenig schmeichelhaften Namens als Kleinmühle, gelingt es den Gesellschaftern den Betrieb über die Jahrhundertwende und den Ersten Weltkrieg zu retten.

Im Jahre 1927 versuchen die Gesellschafter, die Mühle samt Mahlwerk zu versteigern (Abb. Inserat 1927). Aus den Aufzeichnungen im „Manual-Buch" (Mühlenbuch) ist jedoch zu schließen, dass nur für die Mühlentechnik ein Versteigerungserlös von 275 Mark erzielt wird. 1932 erfolgt der Abbruch des Gebäudes, das Grundstücsteht jetzt als „Wiese" im Kataster. Die Mühlengesellschaft besteht noch bis 1939 und umfasst zuletzt 78 Teilhaber. Das Teilhaberverzeichnis erwähnt an letzter Stelle Christian Egenolf II. mit einem ganzen „Sechswochenmühlentag" und einem Anteil von 120/5040. 1942 ist im Kataster der Handformer Manfred Schütz als Eigentümer genannt. Auf dem Gelände entsteht später ein neues Wohnhaus.

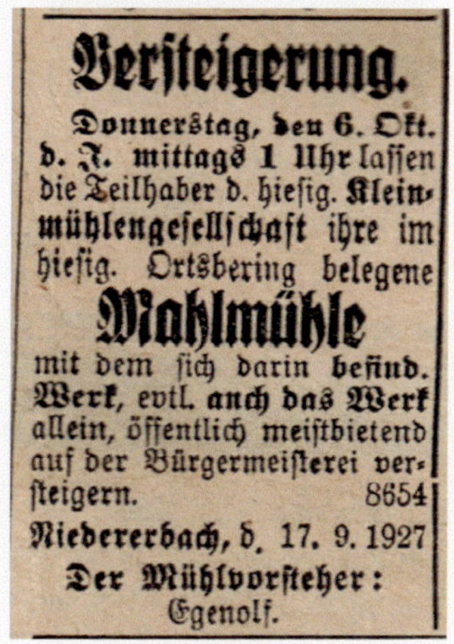

Versteigerung.

Donnerstag, den 6. Okt. d. J. mittags 1 Uhr lassen die Teilhaber d. hiesig. **Kleinmühlengesellschaft** ihre im hiesig. Ortsbering belegene

Mahlmühle

mit dem sich darin **befind. Werk**, evtl. **auch das Werk** allein, öffentlich meistbietend auf der Bürgermeisterei versteigern. 8654

Niedererbach, d. 17. 9. 1927

Der Mühlvorsteher:
Egenolf.

31 NIEDERERBACH

Name: Trockenmühle
Gewässer: Sandbach
Lage: Hahnstr. 6
Art der Mühle: Getreide- und zeitweise Ölmühle
Fotos: 1965, ca. 1997

Die Trockenmühle in Niedererbach ist zweimal erbaut worden, nämlich zu Görgeshausen und zu Niedererbach. In der Ersterwähnung 1564 heißt sie Thiel Josten-Mühle und befindet sich in Görgeshausen, wo sie außer Betrieb gerät bzw. ruinös wird (1568, bzw. 1648–1653). Eventuell schon 1670, spätestens aber 1700 gehört sie nach ihrer Lage zu Niedererbach. Der Eintrag in der Montabaurer Kellereirechnung 1700 vermerkt dazu unter den Einnahmen an Wasserpacht: „Josten Erben Mühle zu Görgeshausen, steht jetzt zu Niedererbach 1 Malter Korn". Leider sind die Gründe für die Verlegung der Mühle von einer Gemeinde in eine andere nicht überliefert. Als Glücksfall erweist sich die Verlegung jedenfalls nicht, denn die Menge des dem Mühlrad zugeführten Wassers aus dem Sandbach (Zufluss zum Erbach) ist völlig unzureichend. Nach Angabe des Müllers Andreas Simon (1833) reicht das Wasser „kaum für 2 Monate", um die Mühle betreiben zu können.

Dieser Wassermangel und der damit verbundene häufige Stillstand der Mahlsteine belegen die Mühlenakten an vielen Stellen. Am anschaulichsten kommt das durch die abwertende Benennung als „Trockenmühle" zum Ausdruck. Müller Hermann Müller äußert sich 1827 dazu wie folgt: „Sie ist die allerschlechteste im ganzen Umkreis". Es mag wohl eher andeutungsweise den Tatsachen entsprochen haben, was Balthasar Henkes von Boden, der 1837 die Mühle gekauft hat, als Begründung zu seinem Antrag auf Herabsetzung der Wasserlaufgebühr anmerkt, dass nämlich die Trockenmühle während der letzten 50 Jahre 30 Besitzer gehabt habe, die alle „in Armuth entgegengeeilt" seien. Vieles, was eine sehr unrentable Mühle mit sich bringen kann, hat die Niedererbacher Mahlmühle am Sandbach erlebt: Stillstand während mehrerer Jahre, partieller Verfall des Gebäudes („teilweiser Einsturz durch einen Windsturm"), stark vernachlässigte Unterhaltung des „Mühlengeschirrs" (Mahltechnik), Konkurs, Zwangsversteigerung und Unbewohnbarkeit der Räume. Doch es gibt auch positive Phasen, indem immer wieder Interessenten – trotz des schlechten Leumundes der Mühle – sich zutrauten, den Betrieb erfolgreicher führen zu können als ihre Vorbesitzer – bis auch sie enttäuscht aufgeben müssen. Von 1848 bis 1850 betreibt Johann Hölzchen in dem von ihm finanzierten Neubau außer der Mahl- auch eine Ölmühle, bis auch ihm die Schulden über den Kopf wachsen und der Konkurs ihn aus der Mühle treibt. Mehrfach erwähnen die Mühlenakten das Vorhandensein eines Backofens im Mühlen-haus, und Johann Theis wird 1880 gar als Müller und Bäcker in den Katasterunterlagen ge-führt. Die Mühle gibt auch einige Rätsel auf: Wie ist der Name „Josten-Erben-Mühle" (1663, 1700) zu erklären? Bezieht sich der Besitzstand in der Görgeshäuser Zeit der Mühle nur auf Erben der Familie Jost? Als „echte" Erbenmühle, die vielen Teilhabern gehört, kann sie wohl zu keinem Zeitpunkt angesehen werden. Sie gehört zu den wenigen Mühlen im Westerwald überhaupt, deren Eigentümer sich weigert, die 1874 durch Gesetz vorgeschriebene Ablösung der Wasserlaufgebühr vorzunehmen. Mühlenbesitzer Johann Theis begründet seine Ablehnung mit geringem Einkommen auf seiner unter Wassermangel leidenden und nur drei Monate des Jahres zu benutzenden Mahleinrichtung. Das Urteil vom 30. April 1877 gesteht ihm nicht zu, sich der Ablösung der Wasserlaufgebühr von 239,96 Mark (= 14 x 17,14 Mark) entziehen zu können. >>>

1910 besteht die Mühlenanlage aus Wohnhaus mit Mahlmühle und Backofen sowie einer Scheune mit Stall. Besitzer ist der zu Ems wohnhafte Kaufmann Markus Stern. Er verkauft das Anwesen 1914 an Andreas und Matthias Kneiper. Auf sie ist der auch heute noch gebräuchliche Name „Kneipersmühle" zurückzuführen. Sie hat wohl Ende des Ersten Weltkrieges endgültig ihre Funktion als Getreidemühle verloren. Als „Zeugnis, insbesondere des künstlerischen und handwerklichen Schaffens seiner Erbauungszeit", die etwas vage mit „18–19. Jahrhundert umschrieben wird, steht die Mühle seit 7. August 1980 als Kulturdenkmal unter Schutz. Der Eigentümer saniert das in einem Hang befindliche dreistöckige Mühlenhaus zum ersten Male. Zu einer erneuten Sanierung sieht er sich veranlasst durch einen in der Nacht vom 26./27. Februar 1992 ausgebrochenen Brand, der ganz erheblichen Schaden anrichtet. Das Engagement des Sanierers wird 1997 belohnt, indem er für die gelungene Wiederherstellung einen Sonderpreis der Verbandsgemeinde Montabaur erhält.

32 NOMBORN

Name: **Kautenmühle**
Vorläufer: Immelen- und Hofmannsmühle
Gewässer: **Eisenbach**
Lage: **Eine „halbe Viertelsunde“ nordwestlichvon Nomborn, unterhalb der Studentenmühle. Die Lage der einen oder anderen Mühle zuvor ist ungewiss.**
Art der Mühle: **Getreidemühle, zeitweise mit Ölmühle**
Fotos: **um 1950, 1956, 2017 (Blick v. Bornkasten), 2018**

Gleich mehrere Fragen begleiten die Erkundung des Mühlenplatzes Kautenmühle: die Entstehungszeit, die Lage, die Namen. Die Behauptung, in Nomborn habe es drei Mühlen gegeben steht nur vordergründig im Gegensatz zum Augenschein, wonach nur zwei Gebäudestätten vorhanden sind.

Gewissheit verschaffen Belege aus der ersten Hälfte des 17. Jahrhunderts. Vor dem 30-jährigen Krieg, also vor 1618, lassen sich in der Gemarkung drei namentlich genannte Mühlenanwesen nachweisen: Ningel-, Hoffmanns- und Ebertzmühle. Nach Beendigung des Krieges 1648 werden die beiden zuletzt erwähnten Mühlen stets in Kombination genannt. Bestätigung dazu liefert das Bindewort u n d, also Immeln- (Ningel-) und Hofmanns- (Hobmanns-) Mühle. >>>

In der Montabaurer Amtsbeschreibung von 1786 klärt ihr Verfasser Damian Linz darüber auf, indem er diese Mühlen mit der Kautenmühle gleich setzt. Die Beschreibung der vier Kirchspiele von 1564 (Nomborn gehörte zu einem dieser Kirchspiele, nämlich Nentershausen; Foto) deutet die räumliche Lage der ursprünglich drei Mühlen am Eisenbach an: die oberste, genannt Ningelnmühle, die untere, die Hofmannsmühle und „die andere" Eberhartz- (Eberts-) Mühle.

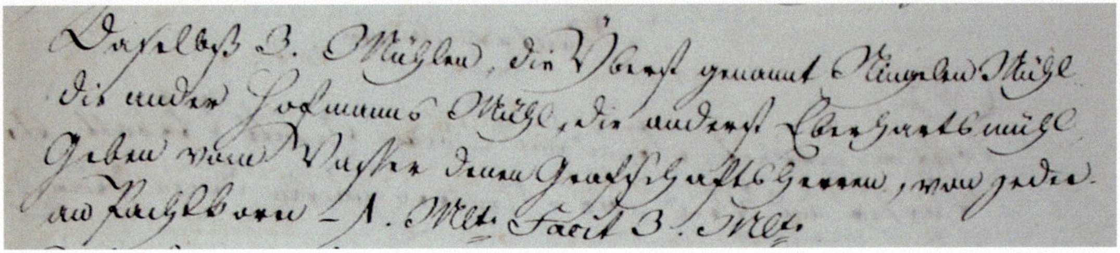

Dass es sich um selbständige Gewerbebetriebe handelte, dokumentieren die Eintragungen in den sog. Kellereirechnungen, z.B. von 1603, 1604 oder 1605, wonach von jeder der drei Mühlen ein Malter Korn, das ist die Wasserlaufabgabe für die handwerkliche Nutzung des Bachwassers, zu entrichten hatte. Die Oberste Ningelnmühle lebt bis in die Gegenwart unter der Gewerbebezeichnung „Landhotel Studentenmühle" fort (s. Nr. 33).

Dass die Hofmannsmühle als „untere", d.h. unterhalb am Bach gelegen, ausgewiesen ist, lässt sie nicht zwangsläufig als Kautenmühle identifizieren. Sich für einen genauen Standort dieser Mühle zu entscheiden, dazu reichen die Angaben in den Kellereirechnungen nicht aus, denn „am Eisbach" und „unter Nomborn" sind für eine Ortsbestimmung zu vage.
Den fraglichen Platz der Hofmannsmühle am Unterlauf des von Nomborn herabfließenden Bächleins unweit der Studentenmühle anzusiedeln, ist wegen des geringen Wasserzulaufs schwer vorstellbar. Es bleibt als Erklärung, sie bei der Eberhards- (Ebertz-) Mühle zu vermuten. Nach dieser Annahme sind Hofmannsmühle und Ebertsmühle Nachbarn in nicht definierter Entfernung.
Nicht nur die Lagebestimmung dieser Mühle ist ungewiss, auch die doppelte Verwendung des Namens Ningelnmühle. 1564 und noch 1603 heißt die spätere Studentenmühle „oberste Mühle,

genannt Ningeln Mühle", um 1650 jedoch wird der Name für eine der beiden anderen Mühlenplätze verwendet: Ningeln und Hobmanns- (Hofmanns-) Mühle. Eine Verwechslung ist ausgeschlossen, denn die obere (Ningeln) Mühle heißt jetzt Enders Thiellen Mühle. Dreißig Jahre darauf wird aus dem Eintrag „Ningeln- und Hob(f)mannsmühle" jetzt „Immelen- und Hofmannsmühle". Hat der kurfürstlich-trierische Kellner (Finanzbeamte) in Montabaur eine Art Verbesserung der Ausdrucksweise Ningelnmühle zu Immelnmühle vorgenommen? Unter dieser Benennung existiert sie etwa 100 Jahre bis um 1780. Fortan wird sie zusammen mit der Hofmannsmühle als Kautenmühle in den Mühlenakten geführt. Der Name Kautenmühle geht auf das mundartlich gebrauchte Wort „Kaut" (Kaute, d. h. Grube, Vertiefung) zurück, das uns oft auch als Bestandteil von Gemarkungsnamen begegnet, z. B. Fuchskaute. Oft entstehen Kauten durch den Abbau von Ton, Sand oder Lehm: Erdkaut (Ton), Kieskaut, „Lahmekaut" (Lehm).
Recht spärlich fallen die Überlieferungen über das Schicksal und die Funktion dieser beiden Mühlen aus. Nachweislich sind sie seit 1648 außer Betrieb und die Gebäude ruinös. Noch 1654 vermelden die Eintragungen in den Kellereirechnungen, diese Mühlen seien „verfallen" und könnten nicht zur Entrichtung der Wasserpacht herangezogen werden.

Erst ab 1655 vollzieht sich ein zögerlicher Wiederaufbau und eine teilweise Inbetriebnahme.1670 haben sie ihre volle Funktionsfähigkeit als Mahlmühlen wieder erreicht. Welche der beiden – oder evtl. ein zusätzlicher – Gewerbebetrieb im Besitz des Johannes Metternich nachweislich 1701 als Ölmühle dient, ist nicht zu durchschauen, es sei denn, der Text in der Kellereirechnung von 1815 kann in eine bestimmte Richtung interpretiert werden.

Dort heißt es: „von der unteren (Ölmühle) oder Immeln und Hofmanns Mühle, auch Kautenmühle genannt 2 Malter Korn (sowie) 1 Gulden 40 Kreuzer (Wasserlaufgebühr)". (Die entsprechende Gebühr für Ölmühlen wurde meist in Form einer Geldabgabe erhoben.)

Im Jahre 1701 wird Johannes Metternich als Besitzer der „Mahlmühle" und einer Ölmühle am gleichen Platz genannt. Von Johann Müller, Bruder des Caspar Müller von der Studentenmühle (Nr. 33), geht sie 1853 an Simon Manns aus Nomborn über. Dessen Nachfolger Conrad Krieg macht 1862 wegen rückständiger Abgaben Konkurs. Es folgt im Jahre 1863 Caspar Müller II, Sohn des Studentenmüllers Caspar Müller (s. Nr. 14 u. Nr. 33) aus erster Ehe. Als er die Mühle verlässt („durchgegangen war"), wird sie 1872 auf Befehl des königlichen Amtes Montabaur versiegelt und steht bis 1875 still. Sein Schwiegervater Johann Frink I. kauft die Mühle und löst die Wasserlaufgebühr ab. Er kann den Betrieb aber nicht weiterführen, da er das Müllerhandwerk nicht erlernt hat. So gelangt 1877 das gesamte Anwesen an den Ölmüller Philipp Sabel aus Steinefrenz, der die Mühle 1883 seinem Sohn Jakob übergibt. Dieser wirtschaftet die Mühle herunter, sodass sie im Jahre 1902 an die Eheleute Johann Schleimer verkauft wird. Jakob Sabel stirbt 1912 arm und verwahrlost im „Backes" in Nomborn. Die Mühle steht spätestens seit Anfang des 19. Jahrhunderts unter keinem glücklichen Stern:

Johann Müller scheitert offensichtlich 1853 und kann auch das gemeinsame Vorhaben zum Bau der späteren Freimühle (Nr. 14) zusammen mit seinem Bruder Caspar Müller nicht mehr weiter betreiben. Nach dem Konkurs des Conrad Krieg 1862 steht die Mühle still. Das tragische und traurige Schicksal des Jakob Sabel macht ebenfalls deutlich, dass die Mühle offensichtlich auf Dauer wegen ihres abgelegenen Standortes und der direkten nachbarlichen Konkurrenz nicht rentierlich zu betreiben war.

Die tragische Lebensgeschichte des Müllers Jakob Sabel Anfang des 20. Jahrhunderts inspiriert Leo Sternberg zu der Erzählung „Müller Heibel". Aus Rücksicht auf die Nachkommen wählt der Autor anstatt Nomborn den etwas anders klingenden Namen „Steinborn" und den Müller Sabel nennt er „Heibel".

Johann Schleimer stellt nach dem ersten Weltkrieg 1921 den Mahlbetrieb ein. Nach einem Katastervermerk wird jedenfalls 1935 kein Gewerbe mehr ausgeübt. Schleimer verstirbt 1954. Richard Fender, Kaufmann aus Berlin, erwirbt das Anwesen 1956, nachdem die Erben von Johann Schleimer (Familie Robert Sturm, Ehefrau Elisabeth, Sohn Josef mit Ehepaar Fender, Foto 1956) nach Nomborn gezogen sind. Von 1974 bis Mitte der 1990er Jahre ist Karl Heinz Abromeit Eigentümer. Nach einer Zwangsversteigerung steht das Anwesen seit 1994 im Eigentum der Familie Herbert Müller. Das rund 15.000 qm große Grundstück und das Haus mit 280 qm Wohnfläche werden 2017 zum Kauf angeboten und 2018 von der Familie Walter Zaufenberger aus Montabaur erworben. Mühlentechnische Einrichtungen sind nicht mehr vorhanden.

33 NOMBORN

Name: **Studentenmühle**
Gewässer: **Eisenbach**
Lage: **nördlich von Nomborn, „einen Büchsenschuss weit" unterhalb der Freimühle**
Art der Mühle: **Getreidemühle, Ölmühle, Sägemühle**
Fotos: **1918, 1967, 2015**

Die Studenten-, auch „oberste Ningelen- und Wilhelm- Henckesen-Mühle auf der Eisbach", wird schon 1564 erwähnt. Nach 1627 wüst geworden, wird sie 1648 wieder aufgebaut und 1668 von den Eheleuten Andreas Thiell gekauft. Im Jahre 1697 wird Johannes Metternich als Mühlenbesitzer genannt. Die Mühle wird später von seinen Erben weiterbetrieben. Seit Mitte des 18. Jahrhunderts müllert Hans Görg Frinck dort, jedoch mit wenig Erfolg. Aus einer Zwangsversteigerung geht Mathias Molsberger als neuer Besitzer hervor. Ein erneuter Wechsel erfogt 1772, indem der Kautenmüller (s. Nr. 32) auch Eigentümer dieser Mühle wird. Unter der seit 1778 gebrauchten Bezeichnung „Studentenmühle" folgen noch weitere Erwerber. Vermutlich haben Schüler der bis Ende des 18. Jahrhunderts in Montabaur bestehenden Lateinschule (Studentenschule), seinerzeit „Studenten" genannt, zur Namensgebung beigetragen. Eine gewisse Beruhigung im Ab- und Zugang der Eigentumsmüller bahnt sich 1826 an, als Caspar Müller von Nomborn das Anwesen kauft. Er ist ein sehr aktiver Müller, denn er erbaut auch die Freimühle (s. Nr. 14). 1854 hat die Mühle zwei Mahlgänge, einen Gang zur Ölmühle und einen Gang zur Schneidmühle. Sieben Jahre vor seinem Tod 1867 übergibt er das Anwesen an seinen Sohn Johann Müller II. Nach dessen Tod im Jahre 1878 – er ertrinkt auf dem Weg zur Mühle im „Bornkasten Bach" – verarmt

die Familie und es entsteht Ungemach dadurch, dass eine Tochter Caspar Müllers mit einem Knecht nach Amerika auswandert. In den folgenden Jahren bis 1918 wechseln die Müller häufiger. Im Jahre 1903 ereignet sich in der Studentenmühle ein Verbrechen. Der 19-jährige Müllergeselle Karl Marker stiehlt in der Nacht vom 27. auf den 28. August dem Müller Adam Schleimer 31 Reichsmark und mehrere Kleidungsstücke. In seinem Schlafzimmer sortiert der Dieb die Beute. Dort schläft auch die sechsjährige Johanna Schnee, eine Pflegetochter des Müllers. Das Kind wird wach und will schreien. Da der Dieb befürchtet, auf frischer Tat ertappt zu werden, stranguliert er Johanna mit einem Schürzenband, wirft eine Decke über das Pflegekind und flieht. Wenig später wird der Müller von der Glocke, die den Leerlauf des Getreides in der Mühle ankündigt, geweckt und rettet das Kind in letzter Minute mit Hilfe seiner Frau. Der Müllerknecht, bereits wegen Diebstahls, Unterschlagung, Urkundenfälschung und Landstreicherei vorbestraft, wird nach weiteren Straftaten bei seinem neuen Dienstherrn im Schwarzwald vom Königlichen Schwurgericht Neuwied am 14. November 1903 u. a. wegen versuchten Mordes zu einer Gesamtzuchthausstrafe von sechs Jahren, Aberkennung der bürgerlichen Ehrenrechte auf die Dauer von fünf Jahren und Zulässigkeit der Stellung unter Polizeiaufsicht verurteilt (s. ausführliche Darstellung S. 165). 1918 ist es Adam Schleimer, der an den pensionierten Lehrer Johann Hans aus Ruppach (geb. 1862, Lehrer in Ruppach von 1903 bis 1918) die Mühle verkauft. Als Nichtfachmann ist er bis zum Abschluss der Müllerlehre seines Sohnes Josef auf fremde Hilfe durch einen Müller angewiesen. Als Geselle kann Josef 1923 den Handwerksbetrieb übernehmen und ab 1937 als ausgewiesener Müller fortführen. In den Nachbardörfern, z. B. in Großholbach, wird die Mühle lange Jahre nach Josefs Vater „Hanse-Mill" genannt. Nach Aufgabe der Mühle im Jahre 1956 baut der Erbe Josef Hans (Foto: Josef Hans, geb. 1905, verst. 1984, Ehefrau Hedwig, verst. 1982) das Gebäude zum Gasthaus mit Pension aus. Er übergibt seinen Besitz 1972 an seine Tochter Gaby Görg geb. Hans (geb. 1948), die nach Erweiterungen mit ihrer Familie Hotel und Restaurant „Studentenmühle" betreibt.

34 OBERELBERT

Name: Erbenmühle
Gewässer: Stelzenbach
Lage: außerorts,
am Weg Oberelbert- Hübingen
Art der Mühle: Ölmühle, zuletzt Getreidemühle (Erbenmühle)
Fotos: Gemälde ca. 1935, 2017

Durch die Urkunde des Trierer Kurfürsten Johann Hugo von Orsbeck vom 10. April 1691 erwerben die Oberelberter Einwohner Peter Fachinger und seine Frau Maria das Recht, auf eigenem Grundstück und durch eigene Mittel, eine Ölmühle zu erbauen. Die auf ein Vierteljahr beschränkte Auslastung der Ölmühle sowie die Konkurrenz durch die Erbauung von fünf neuen Mühlen dieser Art im Umkreis „von einer halben Stunde", münden 1749 in einer Zwangsversteigerung. Neuer Besitzer wird der Inhaber der St.-Anna-Vikarie in Montabaur, Friedrich Hartenfels, der die Mühle dem Weinährer Müller Johann Nöbgen verkauft. Um seine Verdienstmöglichkeiten zu verbessern, erbittet der neue Ölmüller den Kurfürsten um die Erlaubnis, „ein kleines Mahlwerk" für Hafer und Heidekorn (Buchweizen) anhängen zu dürfen, damit durch den häufigeren Zufluss des Wassers auf das Mühlrad dieses nicht austrockne". Die Genehmigung zur Ergänzung der Ölmühle durch eine Erweiterung zur Getreidevermahlung bleibt jedoch aus.

Es dauert noch zwei Menschenalter, bis eine Funktionsänderung eintritt. Voraussetzung dazu ist die Bildung einer Erbenmühlengesellschaft, die von Schultheiß Christian Schönberg angeregt. „viele Consorten“ (41) von Ober- und Niederelbert, Stahlhofen und Daubach „und deren sämtliche Eheweiber“ umfasst. Die Gesellschafter erwerben das Eigentum an der Mühle, die fortan von einem angestellten Mahlburschen (seit 1818) betrieben wird. Wie bei Mühlen dieser Art üblich, steigt im Laufe der Jahrzehnte durch Erbteilung die Anzahl der Mühlenteilhaber. Eine Wende in der Mühlennutzung tritt – bedingt durch den trockenen Sommer – 1958 ein. Der Stelzenbach führt nicht mehr genügend Wasser zur Ingangsetzung des Mühlrades, worauf die Mühlenerben den Betrieb ganz aufgeben. Eine Mühle, die nicht „geht“, verfällt dem Holzwurm. Deshalb ist es ein Glücksfall, dass sich 1965 Hans Bach für die Erhaltung des Gebäudes interessiert und es käuflich erwirbt. Gegen den Plan der Kreisverwaltung, die einen Abriss befürwortet, jedoch mit Unterstützung des Landeskonservators, schafft der neue Besitzer durch Renovierungen im Innern und äußerlich ein sehenswertes Domizil als Wochenendhaus.

35 RUPPACH-GOLDHAUSEN

Name: Goldhäuser Mühle
Gewässer: Ahrbach
Lage: Mühlenweg 12
Art der Mühle: Getreidemühle
Fotos: Zeichnung Weckerling 1888, 2017

Erstmals 1525 wird eine Mühle in Goldhausen erwähnt. Im Türsturz des heutigen Mühlenhauses ist die Jahreszahl 1721 zu lesen. Mitte des 17. Jahrhunderts und erneut 1670 konnte die Mühle wegen Verfalls nicht betrieben werden. Alle Namen seit dieser Zeit beziehen sich auf den jeweiligen Besitzer oder den Ort: Möhlers-Paul-Mühle 1564 (Müller-Paul-Mühle), Paulenmühle 1642, Paulen Michelsmühle 1786, Sabelsmühle, seit Anfang des 19. Jahrhunderts durchweg Goldhäuser Mühle. Die Müllerfamilie Sabel ist dort seit 1759 belegt. In der Bruchsteinwand sind die Jahreszahl 1788 und die Buchstaben A und S angebracht, die auf den Erbauer Anton Sabel hinweisen. Auf Müller Anton Sabel folgen Christian Sabel, Johann Jakob Sabel (1892–1976) und ab 1976 Erich Sabel (1932–2004) als Eigentümer der Mühle. Das Mühlrad hatte die stattliche Höhe von 6,60 m bei einer Breite von 75 cm.

Zeitweise wird neben der Getreidemühle auch eine Sägemühle betrieben. Die Wasserversorgung erfolgt durch den Mühlengraben, der wegen des notwendigen Gefälles weit hinter dem Bahndamm in Richtung Boden beginnt; der betonierte Graben ist noch gut zu erkennen. Auf ein niedriges Erdgeschoss mit kräftigen Eck- und Zwischenpfosten setzt ein höheres Obergeschoss auf, dessen Felder die typisch geschwungenen Balken des Westerwaldraumes aufweisen. Im aus Bruchsteinen erbauten Untergeschoss sind noch Reste des Wasserrades vorhanden. Die Einrichtungen der im Jahre 1982 geschlossenen Mühle sind fast vollständig erhalten. Hedi Sabel (geb. 1936), die Ehefrau des letzten Müllers Erich Sabel (geb. 1932, verst. 2004), wohnte noch bis zu ihrem Tod 2018 in der Mühle. Das Mühlhaus unter Denkmalschutz und ist eine der Stationen des „Themenweges Ton".

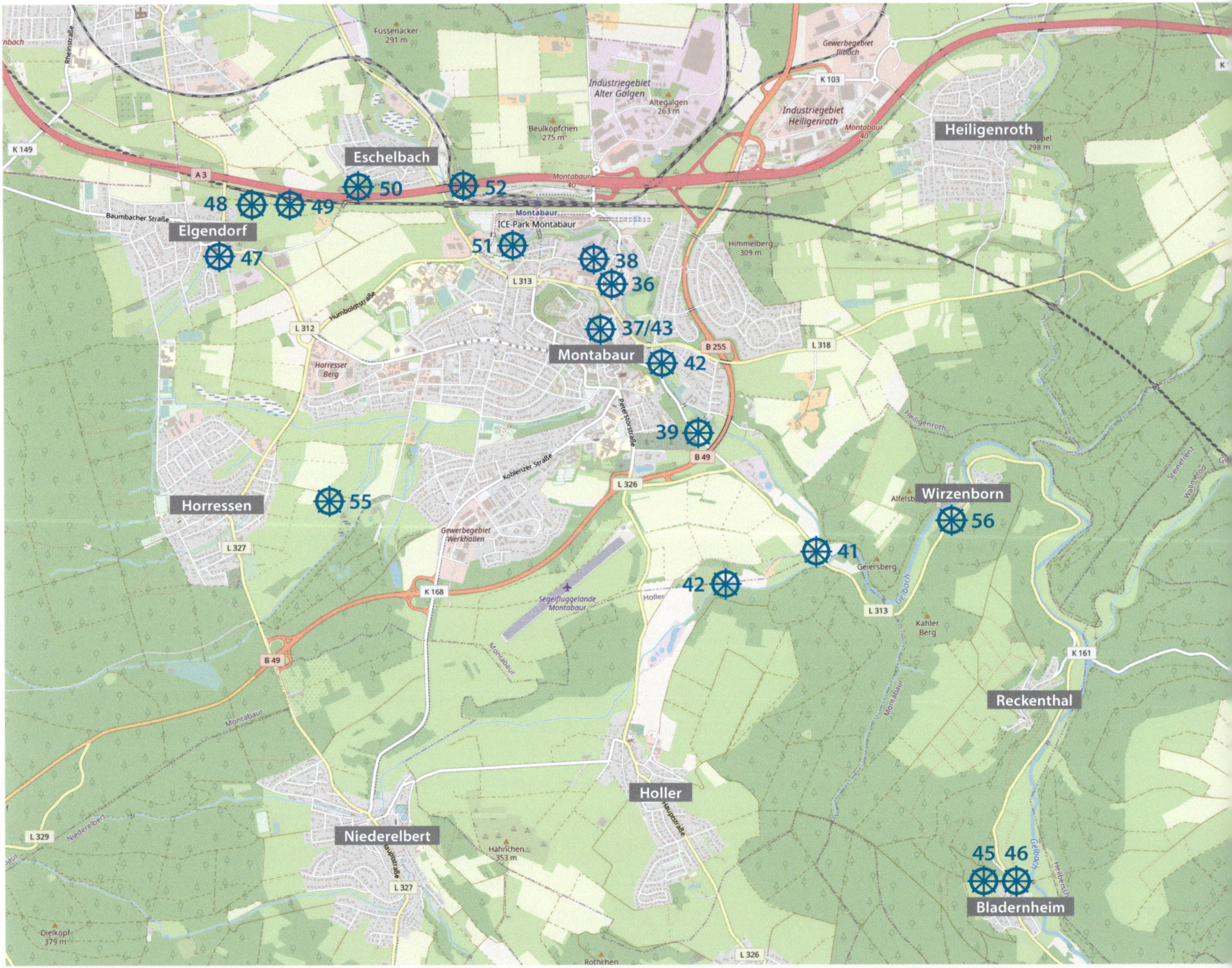

MÜHLENSTANDORTE IN MONTABAUR UND DEN STADTTEILEN

36 Allmannshausener Mühle
37 Sauertaler Mühle
38 Huttersmühle
39 Homanns Mühle
41 Marauer Mühle
42 Wollweberwalkmühlen
42 Frinks Mühle
43 Sauertaler Mühle
45 Getreidemühle Bladernheim
46 Ölmühle Bladernheim
47 Gesellschaftsmühle Elgendorf
48 Neuhofsmühle Elgendorf
49 Hüttenmühle Eschelbach
50 Gemeindemühle Eschelbach
51 Aumühle Eschelbach
52 Hirsenmühle Eschelbach
55 Schneidmühle Horressen
56 Brüdermühle Wirzenborn

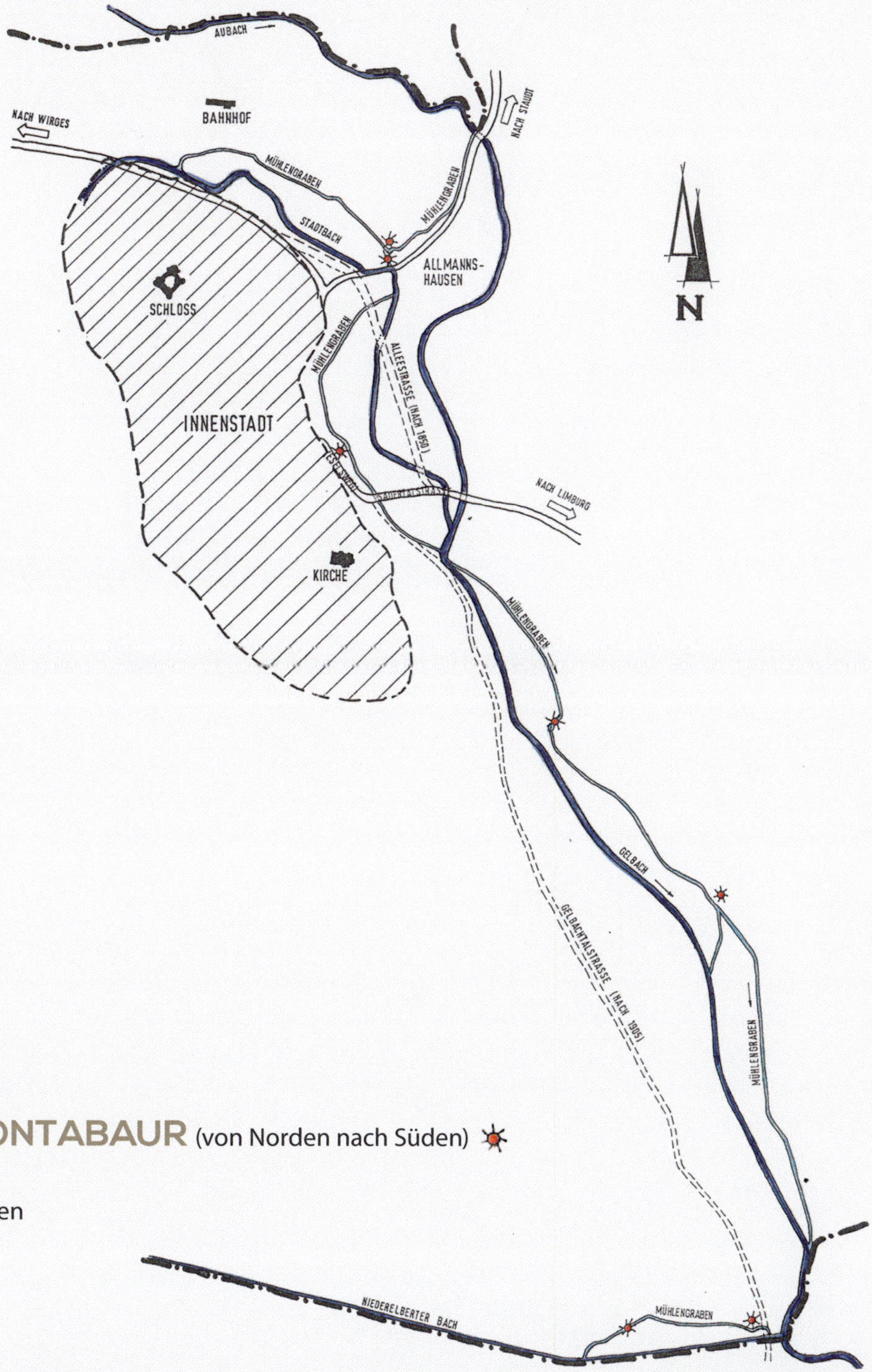

MÜHLEN IN MONTABAUR (von Norden nach Süden)

Huttersmühle
Mühle in Allmannshausen
Mühle im Sauertal
Stuntzemühle
Stendebachsmühle
Marauer Mühle
Frinksmühle

36 MONTABAUR

Name: Allmannshauser Mühle
Gewässer: Aubach
Lage: Allmannshausen 1
Art der Mühle: Getreidemühle
Foto: 2017

Vergeblich sucht man ein natürliches Fließgewässer bei der erwähnten Mühle. Spezialkarten veranschaulichen jedoch, woher das Wasser auf die drei Mühlräder kommt: In einem langen-Mühlgraben, der vom Aubach abzweigt. Zur Energiegewinnung eine kurze Erklärung!
Im Westerwald sind einrädrige Mühlen Standard. Größere Bäche oder Zuleitungen ermöglichen den Mühlenbetrieb durch zwei Räder, wodurch auch zwei Mahlgänge bzw. ein Mahl- und z.B. ein zusätzlicher Ölgang realisierbar ist (Bladernheim 1767). Mühlen mit drei Rädern sind Ausnahmen (Allmannshauser Mühle), vier- oder gar fünfrädrige eine Seltenheit (Nistermühle bei Hachenburg 1799 und Stadtmühle Altenkirchen 1750, mit jeweils fünf Rädern). Ob die Allmannshauser Mühle schon 1272 oder erst 1368 oder sogar erst 1477 Erwähnung findet, ist unerheblich, denn auf ihr wahres Alter treffen diese Angaben wohl nicht zu. Wenn die Wiesenmühle bei Boden wie auch die Eschelbacher Mühle bereits im zweiten Jahrzehnt des 13. Jahrhunderts urkundlich belegt sind, kann davon ausgegangen werden, dass in dem bevölkerungsreicheren Montabaur in dieser Zeit auch schon eine Mühle zur Herstellung von Brotmehl bestanden haben muss, und zwar an

einem die Gemeinde tangierenden Bach. Der Gradmesser für die Leistungsfähigkeit einer Mühle drückt sich in der Höhe der geforderten Abgaben aus. Dabei ist die Anzahl der (Mahl-) Gänge ebenso entscheidend wie die Anzahl der ihr zugeordneten Bauern (Bannmahlgäste). 1566 hat der Müller zu Armenhausen, d. i. Allmannshausen, 28 Malter Weizen und zusammen mit seinem Kollegen von der Sauertaler Mühle 55 Malter Korn (Roggen) zu liefern. (Malter gibt nicht das Gewicht, sondern den Rauminhalt an). Diese Abgaben unterliegen starken Schwankungen (z.B. durch Missernten, Wassernot, Kriegseinflüsse, technische Probleme, Essgewohnheiten. 1603 isst die Bevölkerung weniger Roggen- und Weizenerzeugnisse, „weil das Volk mehrteils Haferbrot nutzet").

1650 gibt der Allmannshauser Müller nur 4 Malter Weizen und „an sehr schlechten gemengten Früchten" (Roggen, Hafer und Gerste) 29 Malter, der Sauertaler von eben solchen 20 Malter. In den Verträgen des Obereigentümers, des Kurfürsten von Trier, mit den Nutzungsberechtigten, den Pächtern der Mühlen, kommen auch Esel vor. 1652 heißt es in der Montabaurer Kellereirechnung, die in beiden Mühlen „gewesenen Esel" seien bei der Neuverpachtung „der Mühlen den Müllern überlassen" (worden) „und werden künftig mit 3 Gulden veranschlagt".
Die auch nach 1648 (Ende des 30-jährigen Krieges) bei der Kellerei eingegangene Bannpacht deutet an, dass die Mühle durch Kriegseinflüsse nicht total zerstört worden ist. Verschiedene Rechnungseinträge des Montabaurer Kellners (Finanzbeamten) erwähnen ein interessantes Ereignis vom Mühlengebäude: 1659 senkt sich das „Gebiet" (aus Holz gezimmerte erhöhte Bühne für den (die) Mahlgang(gänge) der Mühle. Es muss neu errichtet werden, weshalb kein Müller seine Tätigkeit ausüben kann. Die Naturalpacht für die Mühlennutzung ist lange Zeit nicht nur auf Getreide beschränkt. 1680 müssen beide Müller auch je 200 Eier abliefern. Seit spätestens 1730 ist die Mühle erbverlehnt, d.h. nach dem Tod des Müllers kann einer seiner Söhne, gestützt durch einen neuen Vertrag mit dem Obereigentümer (dem Kurfürsten), Nutznießer des Mühlenbetriebes werden, wofür er das Laudemium (Empfangsgeld) zu zahlen hat. Um die gebannten Ackerbürger der Stadt und die Zwangsmahlgäste der Vorstädte von der lästigen Bannverpflichtung des aufgezwungenen Besuchs einer der beiden Mühlen zu befreien, tritt die Stadt in das Erbpachtverhältnis ein und verpachtet nun ihrerseits das >>>

Nutzungsrecht an einen Unter- oder Afterpächter. Auf der Stadt lastet fortan eine Abgabe von 83 Malter Korn. Von den beiden Afterpächtern der Allmannshauser und der Sauertaler Mühle kann sie aber nur 65 Malter einnehmen. Um die Differenz auszugleichen, gestattet sie fremden Müllern dienstags und freitags Mehl zum freien Verkauf anzubieten und erhebt von ihnen die Accise, eine Verbrauchssteuer, pro 100 Pfund Weizenmehl 10 Kreuzer und von 120 Pfund Roggenmehl fünf Kreuzer. Montabaur und Horressen verpachten die Mühle zeitlich begrenzt an interessierte Müller, und zwar nicht nur aus Montabaur, sondern wie z.B. 1834 an Valentin Kurtenacker von Dies oder 1840 an Andreas Heibel von Heiligenroth. Das Verhältnis zwischen Pächter (Stadt) und Afterpächtern (Müllern) führt im 19. Jahrhundert zu mancherlei Unstimmigkeiten. Um die Eigentumsverhältnisse mit dem Obereigentümer zu regeln, löst die Stadt 1874 die Erbleihe gegen eine jährliche Rente ab. 1887 entschließt sie sich, diese Rente durch Zahlung von 28.742,80 Mark zu ersetzen. Die Unstimmigkeiten veranlassen den Stadtrat, die Mühle zum Kauf anzubieten (1878), der jedoch erst 1887 mit Adam Quirmbach zu Stande kommt.

Bekanntmachung.

Donnerstag den 22. Juli 1886,

Vormittags 10 1/2 Uhr,

lassen die Gemeinden Montabaur und Horressen die ihnen zugehörige

Mahlmühle zu Allmannshausen

in der Nähe des Bahnhofs gelegen, in welcher sich ein neues Werk befindet — nebst 157 Ruthen Gärten, auf hiesiger Bürgermeisterei an den Meistbietenden öffentlich versteigern.

Montabaur, den 16. Juli 1886.

Der Bürgermeister,
Schlemmer.

Adam Quirmbach (1861-1950) ist der Sohn von Johann Adam Quirmbach aus Ebernhahn, der 1885 sein Gut Erlenhof in Ransbach verkauft und den Erlös von 60.000 Goldmark unter seinen Kindern aufteilt. Mit seinem Anteil von 10.000 Goldmark erwirbt Sohn Adam 1887 die Mühle in Allmannshausen. Die Eintragung im Stockbuch lautet: a) eine zweistöckige Mahlmühle 48 Schuh lang und 42 Schuh tief b) ein Stall 16 Schuh lang und 42 Schuh tief, Kauf am 16. 2. 1887, Käufer Adam Quirmbach c) ein Hofraum, Garten auf dem Mühlendeich 58 Ruten Garten auf dem Mühlendeich 62 Ruten 39 Schuh. Quirmbach macht 1889 in einer Annonce darauf aufmerksam, dass er außer seinem „Mühlengeschäft" auch eine Holzschneiderei betreibt. Im Jahre 1895 erweitert er den Betrieb auf die östliche Seite der Allmannshäuser Straße und erbaut ein modernes Sägewerk mit Drechslerei unter Zurücknahme der Getreidevermahlung. Die Maschinen des Sägewerks werden fortan durch den selbst produzierten Strom einer Dampfmaschine angetrieben. Da die Maschine mehr Strom erzeugt, als das Werk benötigt, verkauft Quirmbach den Überschuss an die Stadt und die Anlieger der Allmannshäuser Straße, der Alleestraße sowie des Hinteren Rebstocks. Im Dezember 1896 erfolgt im Beisein des Magistrats die probeweise Beleuchtung des Hinteren Rebstocks. In den 1950er bis 1970er Jahren beschäftigt das Sägewerk mehr als 100 Mitarbeiter und ist damit der größte Arbeitgeber in Montabaur. Zeitgenossen beschreiben Adam Quirmbach als „Mann mit Pioniergeist und warmem Gemüt". Nach seinem Tod wird Sohn Otto der Nachfolger. Schon 1950 schwer von Krankheit gezeichnet, übergibt er die Leitung des Sägewerkes an seinen Sohn Rainer. Dieser modernisiert das Werk, muss aber den Betrieb 1984 an die Rasselstein AG verkaufen; das Werk wird schließlich im Jahre 1995 geschlossen. Die einstige Mühle ist heute ein Wohnhaus.

37 MONTABAUR

Name: Sauertaler Mühle
Gewässer: Stadtbach, hier Eichwiesenbach genannt
Lage: Eichwiese 5
Art der Mühle: ursprünglich Getreidemühle, danach Papiermühle und weitere Nutzungen
Fotos: um 1950, Ansichtskarte um 1922

Wie für die Allmannshauser Mühle, so liefert auch das Wasser aus einem Mühlgraben die Energie zum Antrieb der beiden Wasserräder und damit auch der zwei Mahlwerke der Sauertaler Mühle. Vom Ursprung her ist sie eine Mahlmühle, d. h. sie besitzt „Mahl"-Werke zur Mehlherstellung. Über ihr Alter gibt es keine eindeutige Aussage, denn die Eintragung im Montabaurer Saalbuch (Aufzeichnungen der Rechte des Kurfürst-Erzbischofs von Trier als Landesherr) von 1478 bezieht sich auf ältere Urkunden. Ohne Zweifel gelten die beiden Montabaurer Mühlen als Pflicht- (= Bann-) Mühlen für die Bevölkerung der Stadt und Teile des Umlandes. Sie sind die ursprünglich leistungsfähigsten im Gebiet der heutigen VG. Das drückt sich vor allem durch die Höhe der Abgaben aus. Von der Allmannshauser verbucht der kurfürstliche Kellner (Finanzbeamte) in Montabaur 1707 an Einnahmen: 30 Malter Korn, drei Malter Weizen und 200 Eier, von der Sauertaler hingegen: 24 Malter Korn und 200 Eier. 1786 entsprechen die Naturaleinnahmen einem Geldwert von 387 Reichstaler. Dieser Wert liegt höher als derjenige aus allen anderen Mühlen in der VG zusammengerechnet. Mehr als 300 Jahre dient die Mühle im Sauertal als Getreidemühle. Eigentümer ist der Kurfürst von Trier, der sie auf bestimmte Zieljahre verpachtet, bis 1765 die Stadt beide Bannmühlen (zu Allmannshausen und im Sauertal) in Erbpacht übernimmt. Die dazu von der kurfürstlichen Hofkammer (Finanzverwaltung) der Stadt auferlegten Bedingungen sind hart. Erbleihnehmer sind: die Stadt, der Stadtrat und die gesamte Bürgerschaft. Für die Gebäudeunterhaltung und eventuell notwendige Neubauten „in steinernen Mauern" hat die Stadt aufzukommen. Sie muss sich verpflichten, jährlich 83 Malter Korn (ca. 220 Zentner) an Pacht zu liefern, und zwar auch in Kriegszeiten, bei Misswachs, Frost „Kießelschlag oder sonstige casus fatales", d.h. bei Schicksalsschlägen. Die gesamte Bürgerschaft haftet „in solidum", d. h. als Ganzes (einer für alle, alle für einen), damit sich die Hofrentkammer bei ausbleibender Pacht an jedem Bürger schadlos halten kann. (in solidum = in ihrer Gesamtheit). Ab 1765 „gehen beide Mühlen getrennte Wege", was besagt, dass sie sich in der Nutzung der Wasserkraft unterscheiden. Die Allmannshauser bleibt weiterhin eine Stätte der Getreidevermahlung, während in der Sauertaler das Mahlgeschirr entfernt wird, um für Papiermaschinen Platz zu schaffen. Dadurch entsteht erstmalig eine Papiermühle in der VG und bleibt auch eine Ausnahme. Aufgabe solch einer Mühle ist die Herstellung von handgeschöpftem Schreibpapier, das sich durch die etwas bräunlich oder gräulich wirkende Färbung deutlich von dem hochweißen Briefpapier unserer Tage unterscheidet. Erkennungszeichen einer jeden Papiermühle ist das firmentypische Wasserzeichen, das augenfällig wahrnehmbar ist, wenn das Papierblatt gegen das Licht gehalten wird. Ein Musterblatt befindet sich im Stadtarchiv.

Handgeschöpftes Papier mit Wasserzeichen der Papiermühle Johann Printz.

Erster Papiermühlenbetreiber in der Sauertaler Mühle ist seit 1772 Johann Konrad Spangenberg. Er installiert die spezielle Technik, u.a. die von den beiden Wasserrädern in Gang gesetzten „Holländer" (Lumpenumwandler) sowie die Schöpfblüten, aus denen die Papiermacher mit einem speziell konstruierten Sieb, das mit einem Holzrahmen versehen ist, den Papierbrei entnehmen. Um diese Einrichtung beschaffen zu können, leiht sich Spangenberg Geld bei Zimmermeister und Stadtrat Johann Printz. Ihm bleibt er bereits nach einem Jahr die Rückzahlung und der Stadt die Pachtzahlung schuldig, weshalb er seinem Gläubiger Printz die Einrichtung verkauft. Auf diese Weise werden der Montabaurer Johann Printz und nach ihm dessen Sohn Johannes „Papierfabrikanten" und Afterpächter (Nachpächter des Hauptpächters) der Sauertaler Mühle. 40 Jahre darauf (1812) übernimmt Moritz Christian Hardt von der Papiermühle in Emerich (bei Runkel an der Lahn) sowohl die Afterpacht als auch die Papierfertigung in Montabaur. Aber bereits nach zwei Jahren tritt er beides an den aus Siegen stammenden Papiermacher Matthias Langer ab (vergl. dazu auch Nr. 43). 1853 geht die Ära Langer durch den Tod des Sohnes und Nachfolgers zu Ende. Die Stadt kauft in dem erwähnten Jahr den Erbbestand von den Erben Langer zurück und versteigert ihn an den ortsansässigen Kaufmann Nikolaus Thönges. Er und sein Bruder nutzen ab 1856 mit ausgewechselter Einrichtung nun die Wasserkraft zum Betrieb einer Ölmühle. Nach noch nicht einmal 10 Jahren erlebt die Sauertaler Mühle 1865 eine Funktionsbereicherung, indem die Ölherstellung von Philipp Stuntz durch eine Wollspinnerei ergänzt wird, wobei jedes der beiden Mühlräder für eine Nutzungsart zuständig ist. Die Ölproduktion wird 1875 aufgegeben und die Wollspinnerei von Philipp Stuntz 1895 in seinen Hauptbetrieb am Platz des ehemaligen Eisenhammers (Nr. 42/2) verlegt.
Während der ersten Jahrzehnte des 19. Jahrhunderts ändern sich die Eigentumsverhältnisse an den beiden Stadtmühlen zu Allmannshausen und im Sauertal grundlegend. Die Erbleihnehmer Stadt Montabaur und Gemeinde Horressen werden 1874 durch Ablösung der Erbleihe Eigentümer, indem der bisherige Obereigentümer (nach dem Kurfürsten von Trier, der Herzog von Nassau und der König von Preußen) die Eigentumsrechte gegen Bezahlung einer Ablösungsrente an die o. e. Gemeinden überträgt.

Eine 1887 erfolgte Zahlung von 28.742 Mark löst schließlich auch diese Rente ab. Fortan sind die beiden Kommunen nicht mehr Pächter, sondern Eigentümer der beiden Mühlen, und zwar Montabaur zu 7/8 und Horressen zu 1/8. Nach der Ölmühle und der Wollspinnerei tritt erneut eine Funktionsänderung der Sauertaler Mühle ein, denn zunächst etablieren die Gebrüder Hermann von Selters 1895 in dem Gebäude eine Farbmühle, die etwa 20 Jahre Bestand hat. Anschließend dient der städtische Gebäudekomplex als Elektrizitätswerk, Schweinemästerei, Schuhfabrik, dem sozialen Wohnungsbedarf und als Lagerhaus. 1965 erfordert die Stadtplanung eine völlige Umgestaltung des Mühlenplatzes, dem fällt auch das mittlerweile ruinöse Mühlengebäude zum Opfer. An seinem Standort befinden sich seit 1985 die Geschäftsstelle und der Wagenpark des Roten Kreuzes, Eichwiese Nr. 5.

38 MONTABAUR

Name: Öl- und Mahlmühle Hutter
Gewässer: Mühlgraben vom Aubach und vom Stadtbach
Lage: Hohe Straße 36 A
Art der Mühle: Öl- und Getreidemühle, Schrotmühle
Foto: 2017

Bezugnehmend auf vorstehende Mittheilung werde ich bemüht bleiben, das Herrn **Hutter** so reichlich geschenkte Vertrauen auch mir zu erhalten.

Bei **nur guter** Waare werde ich stets prompt und reell zu billigst gestellten Preisen meine verehrte Kundschaft bedienen und bitte um geneigten Zuspruch.

Hochachtungsvoll

Carl Müller,

Inhaber des Hutter'schen Colonialwaaren-Geschäfts.

Wir nehmen auf obige Geschäftsübergabe höflichst Bezug und zeigen ergebenst an, daß wir die

Hutter'sche Oel- und Mahlmühle

gemeinschaftlich für unsere beiderseitigen Geschäfte betreiben werden.

Wie gewohnt werden wir den **Tausch und Kauf von Saamen und Weizen** in bisheriger Weise beibehalten und kann solches bei beiden Unterzeichneten erfolgen.

Indem wir uns bestens empfohlen halten zeichnen

Hochachtungsvoll

Jos. Leuthner. **Carl Müller.**

Montabaur, 15. Juli 1886.

In einigen Mühlen in der VG nutzen die Betreiber die Wasserkraft nicht nur zur Getreidevermahlung, sondern auch zu anderen Tätigkeiten, etwa zum Pressen der Ölfrüchte oder zum Schneiden von Baumstämmen (Görgeshäuser Mühle, Studentenmühle Nomborn). In all diesen Fällen wird der Hauptfunktion auch in der Namengebung Vorrang eingeräumt: Mahl- und Ölmühle, Mahl- und Sägemühle. Deshalb ist es schon etwas verwunderlich, dass bei der Huttersmühle als einzigem Mühlenbetrieb in der VG die Tätigkeit des Mahlens nachranging erwähnt ist: Öl- und Mahlmühle. Das kann damit erklärt werden, dass diese Mühle in erster Linie die Funktion einer Ölmühle hat, während die Verarbeitung des Getreides von untergeordneter Bedeutung ist. In einer Anmerkung zu diesem Mühlenplatz heißt es gar, in der Mühl werde überhaupt nicht gemahlen, sondern nur geschrotet.

Auf dem hier erwähnten Gelände sind zu unterschiedlichen Zeiten vier Mühlenarten nachzuweisen: Öl-, Mahl- und Lohmühle und nach dem Eintrag in dem kurtrierischen Kammeralsprotokoll 1703–1705 die Konzession für Weigant und Niclaß Schupp zum Betrieb einer Schleifmühle „auf einem öden Platz bei derArmenhauser Mühle“ in Nachfolge einer Lohmühle (vergl. 40.7 und 41).

Nicht bei oder neben, sondern schräg oberhalb der Allmannshäuser Mühle befindet sich 1874 die Ölmühle des Wilhelm Hutter. Sie nutzt das Wasser, das durch einen Mühlgraben vom Aubach abgezweigt wird genau an der Stelle, wo dieser Zuleitungsgraben mit jenem des Stadt-bachs sich vereinigt, um anschließend die Allmannshauser Mühle mit Energie zu versorgen. In welchem Jahr Hutters Ölmühle in Gang gekommen ist, lässt sich wegen fehlender Urkunden nicht belegen, realistisch ist die Zeit zwischen 1854 und 1867. 1886 betreiben Josef Leuthner und Carl Müller die „Hutter´sche Öl- und Mahlmühle“. Gleichfalls 1886 überträgt Wilhelm Hutter sein Kolonialwarengeschäft an Carl Müller und unterhält selbst ein Manufakturwarengeschäft. Die neuen Eigentümer der Öl- und Mahlmühle, Josef Leuthner und Carl Müller, kündigen am 15. Juli 1886 in einer Zeitungsannonce an „den Tausch und Kauf von Saamen und Weizen in bisheriger Weise beibehalten“ zu wollen.

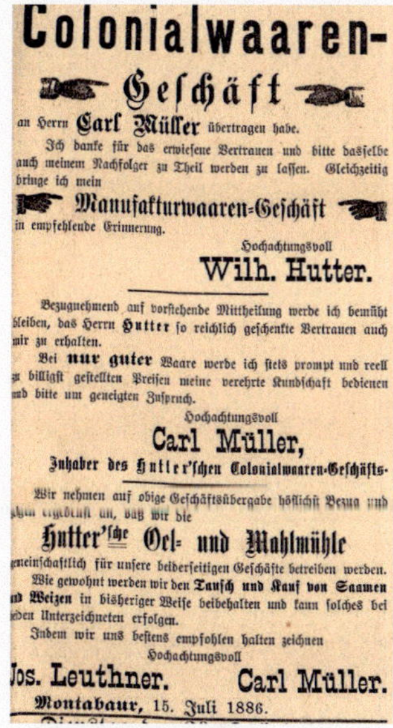
Colonialwaaren-
Geschäft
an Herrn **Carl Müller** übertragen habe.
Ich danke für das erwiesene Vertrauen und bitte dasselbe auch meinem Nachfolger zu Theil werden zu lassen. Gleichzeitig bringe ich mein
Manufakturwaaren-Geschäft
in empfehlende Erinnerung.
Hochachtungsvoll
Wilh. Hutter.

Bezugnehmend auf vorstehende Mittheilung werde ich bemüht bleiben, das Herrn **Hutter** so reichlich geschenkte Vertrauen auch mir zu erhalten.
Bei **nur guter** Waare werde ich stets prompt und reell zu billigst gestellten Preisen meine verehrte Kundschaft bedienen und bitte um geneigten Zuspruch.
Hochachtungsvoll
Carl Müller,
Inhaber des Hutter'schen Colonialwaaren-Geschäfts.

Wir nehmen auf obige Geschäftsübergabe höflichst Bezug und [illegible] ergebenst an, daß wir die
Hutter'sche Oel- und Mahlmühle
gemeinschaftlich für unsere beiderseitigen Geschäfte betreiben werden.
Wie gewohnt werden wir den **Tausch und Kauf von Saamen und Weizen** in bisheriger Weise beibehalten und kann solches bei beiden Unterzeichneten erfolgen.
Indem wir uns bestens empfohlen halten zeichnen
Hochachtungsvoll
Jos. Leuthner. **Carl Müller.**
Montabaur, 15. Juli 1886.

1910 erscheint in Katasterunterlagen Wilhelm Hutters Witwe Anna als Hausbesitzerin, aber ohne Hinweis auf eine Mühle in dem Gebäude. Es erhält 1914 in Karl Kunst einen neuen Eigentümer, der es am 17. August für 3.500 Mark erwirbt. Im Jahr darauf findet sich in den erwähnten Unterlagen als Berufsbezeichnung für Karl Kunst der Eintrag „Postschaffner“. Das hindert aber die Umgangssprache in der Stadt nicht daran, den neuen Hauseigentümer mit der ehemaligen Mühle durch die Bezeichnung „Kunste Mühle“ in Verbindung zu bringen. Wohl im Zusammenhang mit dem Umfang des Gebäudes spricht man auch von „Kunste Mühlsche“. Als Mühle, sei es als Öl-, Mahl- oder Schrotmühle, hat sie die Jahrhundertwende 1800/1900 wohl kaum überlebt, als Wohnhaus aber sehr wohl, und zwar bis in die Gegenwart.

39 MONTABAUR

Name: **Homannsmühle**
auch: Stendebachs-Mühle
Gewässer: **Gelbach**
Lage: **Hammerweg 17**
Art der Mühle: **Getreidemühle u. a.**
Foto: **ca. 1930**

Diese Mühle wird im Vorgriff auf Nr. 42 (Walkmühle der Wollweberzunft = Wollweberwalkmühle) gesondert vorgestellt. Ihre Hervorhebung als eigenständige Mühlenanlage lässt sich damit begründen, dass sie außer den beiden Stadtmühlen zu Allmannshausen und im Sauertal als dritte Mahlmühle bei der Mehlversorgung der Bevölkerung – wenn auch nur zeitweise – von Bedeutung ist. 1831 erhält Peter Gießen die Erlaubnis, die Wollweberwalkmühle „unter dem Roßberg" zwischen „einem Zuleitungsgraben und dem Weg nach Wirzenborn", in eine Mahlmühle umzuwandeln. Im Jahr darauf ist das Werk vollendet. Eine Inbetriebnahme steht jedoch noch aus. Das besorgt Georg Homann I., der am 10. Januar 1833 den Besitz übernimmt. Sein Sohn, der Mahlmüller Georg Homann III., erbt 1860 das Mühlengebäude. Aus dieser Zeit ist der Mühlenname Homannsmühle überliefert. Das ändert sich 1865 mit der Übernahme der Mühle durch Mayer, Samuel, Jakob sowie Moses Löb jun. und dessen Frau Biene geb. Michel. Dieser Familienname wird zur Kennung „Löb'sche Mühle". Auch der Name der genannten Ehefrau führt zu der Objektbezeichnung „Biensches-Mühle". Das ist noch nicht die letzte Namensänderung. Bei dieser Mahlmühle existiert 1865 auch eine „neu erbaute Lohmühle" und bald darauf eine Wollspinnerei. Allein schon wegen der Staubentwicklung durch die Zerkleinerung der Eichenrinde (Lohe) ist der Betrieb einer Mahlmühle unzulässig. Deshalb fehlen auch entsprechende Hinweise auf ihre Existenz nach 1865.

40 MONTABAUR

Name: **Diverse Ölmühlen**
Gewässer: **Aubach und Mühlgraben vom/zum Aubach (Gelbach), Niederelberter Bach (Hollerbach)**
Lage: **Allmannshausen, Sauertal, am Hammerplatz, am Rossberg, in der Marau, in Eschelbach**
Art der Mühlen: **Ölmühlen, z.T. in Kombination**
Fotos: **um 1905, 2017, Zeichnung Weckerling 1888, um 1950**

Drei Verwendungsarten kennzeichnen die Bedeutung der aus dem Samen von Ölfrüchten hergestellten Öle. Als Nahrungsmittel sind die Öle am wichtigsten, gefolgt von ihrem Einsatz als Leuchtmittel und Schmierstoff. Schließlich dient auch noch der nach der Pressung anfallende Ölkuchen als Viehfutter, manchmal sogar als stationäre Fackel.

Während die Geschichte der Getreidemühlen gut dokumentiert ist, hängt die der Ölmühlen demgegenüber weit zurück, und zwar deutschlandweit. Frühe Hinweise über das Bestehen einer Ölmühle im Westerwald führen nach Marienhausen (VG Dierdorf) 1486, Giershausen (VG Diez) 1566 und Dorf Ems (Bad Ems) 1594. In dem danach beginnenden 17. Jahrhundert sind Ölmühlen schon häufiger anzutreffen, auch an mehreren Standorten in der VG Montabaur: Bladernheim, Daubach, Eitelborn, Heilberscheid, Nomborn, Oberelbert. >>>

Recht spät, und zwar am 19. Juni 1681, ist die Konzession für eine Ölmühle in Montabaur belegt, wonach Johann Kübeln die Baugenehmigung für eine Ölmühle mit Wohnung „auf der Wiesen“ erhält. Wo immer das sein mag! Die Erwähnung einer solchen Mühle erst 1681 verneint nicht den Bestand an anderen Standorten in Montabaur und zu einer früheren Zeit. Der Hinweis auf einen „Oleymann“ (Ölmann) oder Ölmacher allein bietet aber noch keine Gewähr dafür, dass er auch eine Ölmühle besitzt. Hingegen ist z. B. die Gewannenbezeichnung „obig der Ölmühle“ durchaus Beleg für solch eine Mühle. Vom Wasser angetriebene Ölmühlen, (andere Antriebsarten sind in der VG unbekannt), kommen als selbständige Betriebe vor. Sie sind aber auch in Verbindung mit einer anderen Mühlenart – am häufigsten mit Getreidemühlen – anzutreffen. Ihre zeitliche Auslastung beschränkt sich auf wenige Wochen eines Jahres, und ihre technische Ausstattung wird durch den Begriff „Ölpresse“ treffend beschrieben. Ölhaltige Früchte wie Nüsse, Lein, Hanf, Bucheckern, vor allem aber Raps und Rübsen, werden nach einem Quetschvorgang unter senkrecht laufenden Mühlsteinen, einem Wärmeprozess zugeführt und danach gepresst, wobei die erste Pressung gehaltvolleres Öl liefert (Jungfernöl) als das nach einer weiteren Bearbeitung gewonnene Öl der Nachpressung.

Wir haben Kenntnis von acht Ölmühlen in der Stadt. Außer der 1681 konzessionierten sind alle in Kombination mit Mühlen anderer Art vertreten, oder sie befinden sich in Gebäuden mit unterschiedlicher Mühlennutzung. Unsere Hinwendung gilt folgenden Mühlen, die zur Ölherstellung ausgestattet sind:

1. Die Erste ist die 1681 „auf der Wiese“ erbaute des Johann Kübeln (Heubel). Deren Existenz lässt sich belegen, ihr Fortbestand und ihr Standort sind vage.

2. Älter als die zuvor erwähnte Ölmühle ist jene in der Marau, deren Antrieb durch das Wasser des Niederelberter Baches erfolgt. An ihrer Stelle befindet sich heute ein Wohngebäude, das in amtlichen Karten als „Frinksmühle“ verzeichnet ist. Ihre Funktion als Walkmühle (s. Nr. 41) reicht bis in die Zeit vor 1680 zurück. Die auf einem Eichenbalken 1929 beim Abriss der Scheune entdeckte Jahreszahl 1643 kann als Entstehungshinweis gelten. Nach Erkenntnissen des Pfarrers und Familienforschers Otto Frink ist ihr damaliger Name „Ölmühle in der oberen Marau“ urkundlich belegt. Andere Angaben besagen, dass Georg Frink 1713 die Erlaubnis zur Umwandlung der Walk- in eine Ölmühle erhält. Spätestens ab 1780 walken die Frinks wieder, und zwar für die Weißgerber. Sie beenden diese Tätigkeit jedoch 1792, um sich fortan nur der Ölherstellung zu widmen. Bald nach dem 1. Weltkrieg kommt auch dieser Gewerbezweig zum Erliegen.

3. Die zweite Mühle in der Marau, unweit der Mündung des Niederelberter Baches und an der Gelbachstraße gelegen, ist durch den Karteneintrag Marauermühle (gelegentlich auch Weißgerbermühle) zu lokalisieren. Die am 14. Januar 1792 für mehrere Weißgerbermeister erteilte Bau- und Betriebserlaubnis lässt der Montabaurer Kellerei- (Finanz-) Beamte wegen etlicher Einsprüche bis 1800 ruhen.

Nun erst kann nach der Fertigstellung des Gebäudes das Walken des Leders beginnen. Doch bereits 1819 wird Johann Kunz und Johann Meurer gestattet, die Walkmühle fernerhin als Ölmühle zu nutzen. Sie verzichten dennoch auf die Realisierung ihres Vorhabens. Spätestens seit 1867 arbeitet Johann Meurer als Lederwalker, zusätzlich unterhält er auch eine Ölmühle und 1873 wird er gar Lohmüller genannt.

Unklar ist, in welcher Funktion die Mühle fortbesteht, 1919 jedenfalls in keiner mehr, denn in diesem Jahr brennt die Mühle ab. Nach dem Wiederaufbau besteht sie noch als Mahlmühle bis 1935. Zeitweise – um 1876 – macht sie als Sommerwirtschaft auf sich aufmerksam und bietet zur Kirmes Tanzbelustigung an. Die in der Stadt mundartlich verwendete Ausdrucksweise „Boxemill" (Lederhosenmühle) haftet dem Wohnhaus heute noch gelegentlich an. Auch die beiden Mühlen zwischen Sauertal und Marau, erstere am Hammerplatz, die andere am Rossberg gelegen, übernehmen mehrere Jahre die Funktion als Ölmühle (4. und 5.). >>>

4. An der Stelle des abgebrochenen Eisenhammers (nach 1737) (heute Hammerweg 1) errichtet Peter Müller mit kurfürstlicher Erlaubnis vom 10. Juni 1779 eine Ölmühle. Er betätigt sich ab 1788 zusätzlich auch als Wollwalkmüller. 1818 heißt der Walk- und Ölmüller Barthel Müller. In der Doppelfunktion Wolle walken und Öl pressen, geht der Betrieb am 12. August 1851 von Hirsch Löb an Philipp Stuntz über, ohne dass die Ölmühle weiter in Tätigkeit bleibt. Das weitere Mühlenschicksal ist in Nr. 42 erläutert.

5. Am Weg (nicht an der Straße) von Montabaur nach Wirzenborn, unterhalb des Rosen- (Ross-)berges befindet sich seit 1765 eine Walkmühle der Wollweberzunft. Durch Konzession vom 27. September 1822 erhält Peter Gießen die Erlaubnis, die Walkmühle in eine Ölmühle umzuwandeln. Er macht von der Konzession jedoch keinen Gebrauch, sondern etabliert 1832 in dem Gebäude eine Getreidemühle, von der es heißt, erst der Erwerber Georg Homann habe um 1835 die Umwandlung vollzogen.

Ergänzt durch eine Wollspinnerei geht das Besitztum „Löbsmühle" (s. Nr. 39 und Nr. 42) 1909 an Lorenz Stendebach über, der dort 1917 auf hydraulischen Pressen mit der Ölherstellung beginnt. In dieser Funktion hat die modern eingerichtete Ölmühle bis ca. 1950 Bestand und erfreut sich nach dem letzten Krieg eines lebhaften Zuspruchs durch die Bucheckern-Sammler. Nach Umbauten befindet sich an diesem Mühlenplatz gegenwärtig eine Wohnanlage.

6. In der durch mehrere Funktionen genutzten Sauertaler Mühle, die einst als Getreidemühle, seit 1772 als Papiermühle gedient hat, richtet Nikolaus Thönges als Afterbeständer der Stadt 1856 eine Ölmühle ein, die er 1865 an Philipp Stuntz verkauft, der die Wasserkraft auch zum Betrieb einer Wollspinnerei nutzt.

Als Pächter setzt er Jakob Gromig ein, übernimmt aber 1868 selbst die Herstellung des Öls, wozu er eines der beiden Wasserräder nutzt, mit dem anderen setzt er die Wollspinnmaschine in Gang.1868 läuft die Ölherstellung der Sauertaler Mühle aus, indem die Gebrüder Stuntz „das vollständige Werk der Ölmühle" zum Verkauf anbieten. Danach steht die Wasserkraft für eine anders geartete Mühlenfunktion zu Diensten (s. Nr. 37 und Nr. 43).

7. Unmittelbar bei der Allmannshauser Mühle, aber völlig unabhängig von ihr, befindet sich ein weiterer Mühlenplatz mit einer Ölmühle. Ihr Ursprung ist zeitlich nicht festzulegen, ihre Exis-tenz kann aber für 1867 als gesichert angesehen werden. Spätestens seit 1886 sind Josef Leuthner und Karl Müller Eigentümer der vonHutter'schen Öl- und Mahlmühle. Während des Ersten Welt-krieges tritt eine Namensänderung für diesen Mühlenstandort ein. Aus Hutters Mühle wird Kunste Mühle oder wie es im mundartlicher Ausdrucksweise wegen der unbedeutenden Bausubstanz heißt: Kunste-Mühlche. Nicht ein Müller Kunst hat Pate gestanden bei der Umbenennung, sondern der Gebäudebesitzer Karl Kunst, der 1915 in amtlichen Unterlagen als Postschaffner gefrührt wird. Das kann als Beweis dafür gelten, dass dieses Gebäude seine Funktion als Ölmühle verloren hat.

8. Die durch den Krieg 1914-1918 hervorgerufene Nahrungsmittelknappheit führt in mehreren Orten zur Etablierung/Reaktivierung von Ölmühlen (s. Nr. 42 „Stendebachsmühle").

Auch die Gebrüder Bahl betreiben ab 15. Juli 1917 zusätzlich zu ihrer Farbmühle (Aumühle Eschelbach) eine neu errichtete Ölmühle. 1920 entsteht auf dem Gelände der Neubau einer modernen Ölmühle „mit angebautem Kesselhaus und abgesondertem Schornstein". Noch 1926 firmiert die Aumühle mit „Gebr. Bahl KG Öl- und Farbenfabrik". Die Ausrichtung der Firma legt nahe, dass es sich zu dieser Zeit bei der Ölmühle um ein Gewerbe zur Herstellung von Industrieölen für die Farbenproduktion gehandelt hat (s. Nr. 51).

Ab etwa 1860 setzt der Niedergang der traditionellen Ölmüllerei in den ländlichen Gebieten ein, so auch in der VG und den angrenzenden Orten. Ursache ist die zunehmende Verwendung des Steinöls (Petroleum), das im Vergleich zu dem aus Samen hergestellten Naturöl als Leuchtmittel preiswerter angeboten werden kann, 1867 kostet eine Maß Naturöl 58 Kreuzer, Petroleum hingegen nur 30 Kreuzer. (Eine Maß entspricht zwei Liter, 60 Kreuzer kommen einem Gulden gleich). Während und nach dem 1. Weltkrieg gewinnen die ländlichen Ölmühlen wieder an Bedeutung. Von dieser Entwicklung profitieren sie in mehrfacher Hinsicht, und zwar wegen einer besseren

Auslastung der technischen Einrichtung. Mehrere Ölmühlen können z.B. 1917 zeitweise „wegen Überfüllung" die Kunden nicht alle bedienen. Das Reichsernährungsamt fördert 1918 die „Wasserölmühlen" zur Gewinnung von Öl, das abzuliefern ist. Nicht alle Ölsamen, die geerntet werden, dürfen wegen der Ablieferungspflicht für eigene Zwecke zu Öl verarbeitet werden. Für einen Doppelzentner Raps erhalten die Bauern im Juli 1918 als Gegenwert 85 Mark und das Anrecht auf 80 Pfund Ölkuchen. Eine Ölmühle in Wirges tauscht 1918 ein Liter Öl und drei Pfund „Kuchen" gegen sechs Pfund Raps. Im selben Jahr ist Lorenz Stendebach durch Vergrößerung seiner Ölmühle am Rossberg in der Lage „jedes Quantum Raps in Öl umzutauschen". 1924 ermöglicht die Natur eine reiche Bucheckernernte. Sammler erhalten in den beiden Ölmühlen zu Montabaur und Eschelbach, namentlich Stendebach und Bahl, für 12 Pfund Bucheckern ein Liter Öl. Welch' ein Zufall! 24 Jahre später (1948) überrascht die Natur wiederum mit einem reichen Bucheckern-Jahr.

41 MONTABAUR

Name: **Mühlen im Dienste des Gerberhandwerks – Lohmühlen | Rotgerber- und Weißgerberwalkmühlen**
Gewässer: **im Bereich des Stadt- /Biebrichsbaches, am Mühlgraben vom und zum Aubach, Niederelberter Bach (Hollerbach)**
Lage: **an verschiedenen Stellen, u. a. in der Marau, südöstlich der Stadt**
Art der Mühlen: **Loh-, Gerberwalkmühlen**
Fotos: **Zeichnung Weckerling 1888, um 1920, Inserate 1876 und 1936**

Fünf Rotgerber üben 1807 ihre Tätigkeit in der Stadt aus. Sie liefern den 46 Schuhmachern das Rohmaterial (Leder). Rotgerber, auch Lohgerber genannt, sind bei der Herstellung von Leder auf die Zulieferung von Lohmehl, das die Lohmüller vornehmlich aus Eichenrinde in ihren (Loh-) Mühlen produzieren, angewiesen. Um den Gerbprozess in Gang zu setzen, wird Lohmehl lagenweise auf die in Gruben ausgebreiteten Tierhäute verteilt und die Gruben mit Wasser gefüllt. Während eines zeitaufwendigen Prozesses von bis zu zwei Jahren „reifen" die Häute durch mehrfaches Umsetzen unter Lohmehlzugabe zu Leder. In einer Rangliste zur Bedeutung der Mühlen nehmen die Lohmühlen keine Spitzenplätze ein. Innerhalb einfacher, möglichst geschlossener Gebäude verrichten von einem Mühlrad angetriebene Stampf- oder Mahlwerke die Arbeit der Rindenzerkleinerung, wobei reichlich (Loh-) Staub den Ort des Geschehens kennzeichnet. Deshalb liegen diese Mühlen in Montabaur – und nur hier sind sie innerhalb der Verbandsgemeinde nachzuweisen – am Rande oder außerhalb der Stadt. Dort sind sie seit 1487 bekannt, hauptsächlich am Stadt- und Biebrichsbach, am Stadt- und Aubachmühlgraben. >>>

Am Gäulsbach, einem Stadtbachabschnitt, wohin die Fuhrleute ihre Gäule führen, um sie dort zu tränken und zu waschen, befindet sich die Gerberei des Wilhelm Franz Hisgen, der an diesem Ort wohl auch seine noch 1877 genehmigte Lohmühle anlegt. Weitere zeitliche und örtliche Angaben zu Lohmühlen sollen nun folgen:

- Die frühesten Hinweise auf den Beruf „Lohgerber" (Löher) reichen ins 14. Jahrhundert zurück (1327, 1387),
- neben der Mühle im Sauertal 1487, 1589, betrieben bis 1705,
- beim Lohmüller-Weiher (Nähe Peterstor, Koblenzer Str.) um 1723,
- zu Allmannshausen, 1818 im Besitz der Gerberzunft. Es ist fraglich, ob diese Lohmühle gleichzusetzen ist mit einer „ganz neuen Anlage", deren Standort in der Genehmigungsurkunde vom 23.Mai 1823 für Franz Simon Hisgen nicht genannt wird.
- 1865 richten Mayer, Samuel, Jakob und Moses Löb eine Lohmühle bei der von ihnen gekauften Homannsmühle (Nr. 39, zwischen dem Rossberg und dem Weg nach Wirzenborn) ein.

Von all diesen Lohmühlen sind keine Relikte mehr vorhanden. Indirekt lässt sich das Lohmühlensterben auch dadurch erklären, dass in Anzeigen nach dem 1. Weltkrieg die waldbesitzenden Gemeinden im Umkreis von Montabaur kaum noch Lohrindenversteigerungen angekündigt haben, was in den Jahrzenten vorher sehr häufig geschehen ist. Die Weiterbehandlung der in den Lohgruben „gereiften" Häute geschieht unter Verwendung von Fett in von einem Mühlrad bewegten Fässern (Walkfässern) in eigens dazu errichteten Mühlen oder Mühlenanbauten. Die Aufgabe dieser (Rotgerber-) Walkmühlen besteht darin, durch die in den Drehfässern hängenden Hämmer das Leder geschmeidiger zu machen. Ein den Rotgerbern verwandter Handwerkszweig kommt unter der Berufsbezeichnung Weißgerber vor. Sie verwenden anstatt Eichen- oder Fichtenrinde andere Gerbmittel, hauptsächlich Alaun. (Nassrasierer kennen Alaun als Rasierstein zur Blutstillung.) Nachrichten über Rot- und Weißgerberwalkmühlen, insbesondere über ihre Standorte sind recht spärlich. Die vor 1817 errichtete Rotgerbermühle gehört 1854 Franz Hisgen I. Sie steht zu dieser Zeit „seit mehreren Jahren still". Außer ihm nennen sich Wilhelm Franz Hisgen und Heinrich Isbert 1870 Rotgerber und 1876 auch Heimann Löb.

Etwas genauere Hinweise gibt es von den Lederwalkmühlen in der Marau unterhalb von Montabaur. Dort befinden sich zwei Mühlen. Beide nutzen das Wasser des Niederelberter Baches (Hollerbach), die obere unter dem Namen Frinksmühle, die untere, an der Gelbachstraße gelegene, heißt Marauer-Mühle. Der auch in amtlichen Karten verwendete Zusatz „Weißgerbermühle" für die untere Mühle trifft auch auf die obere zu. Marauer Mühle werden gelegentlich beide genannt. Also ist Vorsicht bei Erläuterungen zur Mühlengeschichte geboten. Ursprung

Bekanntmachung.

Mit dem heutigen habe ich auf meinem Besitzthum (Marauer Mühle) für den Lauf des Sommers eine **Restauration** errichtet.

Für ausgezeichnetes **Bier** (Niedermendiger Actienbier) sowie guten Wein und verschiedene Speisen wird bestens gesorgt werden.

Montabaur, 15. Juni 1876.

Joh. Meurer IV.
auf der Marauer-Mühle.

Laut amtlicher Bekanntmachung in der Ausgabe unserer Zeitung vom 14. September findet am 23. September 1936 die **Versteigerung der Ländereien des Johann Meurer IV** statt. Eine **Besichtigung dieser Ländereien** erfolgt am 22. September 1936. Sammelplatz der Kauflustigen 22. September vorm. 11.30 Uhr vor dem Haus in der Marau.

J. Meurer.

beider Mühlen ist die bachaufwärts gelegene Walkmühle, die spätere Frinksmühle, deren Bestand für 1681 als gesichert gelten kann. Vermutlich ist es aber eine Wollwalkmühle. Am 11. Februar 1713 erhält Georg Frink die Erlaubnis zur Betreibung einer Ölmühle durch Umwandlung seiner bisherigen Walkmühle. 1780 walkt er aber wieder, und zwar für die Weißgerber. Amtsverwalter Linz kommentiert 1800 diese Tätigkeit Frinks. Wegen „Überforderung und Neckereien" kämen die Weißgerber nicht mehr zu ihm, sondern ließen in Limburg und Selters ihre Felle walken. Frink bricht deshalb (1793) die Walkmühle ab und betätigt sich nur noch als Ölmüller. Dieser Beschäftigung bleiben die Frinks bis etwa in die 1920er Jahre treu (Foto, s. a. Nr. 40). Die Mühlengebäude bestehen in veränderter Form als Wohnhaus fort. Als Ersatz für die nicht mehr vorhandene Frink'sche Weißgerbermühle, bemühen sich 1792 die Meister dieses Berufes, namentlich Andreas Lieser, Alois Schepping, Johannes und Peter Meurer, um die Konzession zum Bau einer Walkmühle in der Marau. Trotz der erteilten Bewilligung, vereitelt – auf Grund mehrerer Einsprüche – der kurfürstliche Kellner (Finanzbeamte) Stefan Fier die Bauausführung, die erst 1800 verwirklicht werden kann. Die Bestimmung als Weißgerberwalkmühle während des 19. Jahrhunderts ist etwas widersprüchlich: 1854 wird sie in den Mühlenverzeichnissen noch Weißgerbermühle genannt. Am 16. April 1819 wird eine Konzession erteilt für Johann Kunz und Johann Mäurer zur „Verwandlung" der Weißgerbermühle in eine Ölmühle. 1867 heißt der Mühlenbesitzer Johann Mäurer. Seine Berufsbezeichnung lautet „Ölmüller", 1873 jedoch „Lohmüller" und 1875 „Müller der Weißgerbermühle", nach 1931 verzeichnet das „Einwohnerbuch für den Westerwald" Hermann Müller Mühlenbesitzer Marauer Mühle, zu interpretieren als Mahlmüller. 1876 kündigt Johann Meurer IV. die Eröffnung einer Sommerwirtschaft zum 15. Juni an. Die bestehende Mühle brennt 1919 ab, wird aber durch einen Neubau ersetzt und bleibt bis 1935 in Betrieb. Weitere 10 Jahre dient das zugeführte Wasser noch der Stromerzeugung und das Gebäude bis in die Gegenwart zu Wohnzwecken. Eine produktbezogene Benennung der Marauer (Weißgerber-) Mühle hat sich bis in die Gegenwart erhalten, wobei die aus Leder gefertigten „Lederhosen", mundartlich Buxe/Boxe, dem Standort zu dem volkstümlichen Namen „Boxemill" verholfen haben (1928 gebräuchlich). Von dieser, der zweiten, der unteren Mühle in der Marau ist eine Funktion als Wollweberwalkmühle nicht überliefert.

42 MONTABAUR

Name: **Wollweberwalkmühlen am Rossberg, am Eisenhammer und in der Marau**
Gewässer: **Mühlgraben vom und zum Aubach/Gelbach, Niederelberter Bach**
Lage: **1) unter dem „Rosenberg“ (Rossberg) Hammerweg 17**
2) am Eisenhammer, Hammerweg 1
3) in der Marau
Art der Mühlen: **Wollweberwalkmühlen**
Foto: **Zeichnung Weckerling 1888**

Wollweberwalkmühlen dienen den Wolltuch- und Strumpfwebern, den Tuchmachern und Schön- (Blau-)Färbern zur Bearbeitung der von ihnen auf Webstühlen hergestellten Tuche. Ein Mühlrad setzt in den Walkmühlen Holzfässer in eine Drehbewegung. Darin befindet sich die in Wasser aufgelöste Walkerde, ein Tongemisch. In den bewegten Holzfässern verfilzen durch das andauernde Schieben und Drücken die Fäden der Tücher zu einem dichten Gewebe. Der Stoff wird dadurch dichter, aber auch schmäler und kürzer. Erste Hinweise auf Walkmühlen in der Stadt stammen von 1324. 1388 ist die Lage einer Walkmühle mit „hinter der Burg nach Eschelbach zu“ angegeben. Ende des 15. Jahrhunderts soll es unter den 1800 Familien 500 Wollweber gegeben haben. Die in einer Zunft vereinigten Wollweber besitzen zu dieser Zeit eine eigene Walkmühle mit einem angestellten Müller in ihren Diensten. 1561 bestehen bereits zwei Walkmühlen der Wollweber. In den folgenden Jahrhunderten erlangen zwei Standorte von Wollwalkmühlen besondere Bedeutung: 1) die „niederste“, d.h. unterste Mühle am Rossberg (Nr. 42/1) und 2) die am „Hammersteg“, an der Brücke über den Aubach bei der Bettwarenfabrik Stendebach (42/2). Die eine dieser zwei Walkmühlen, nämlich die am Rossberg und am Weg nach Wirzenborn gelegen, ist in die Mühlengeschichte der Stadt als „Stendebachsmühle“, die zweite am Hammersteg als „Stuntzemühle“ eingegangen. Beide nutzen das über einen Mühlgraben zugeführte Wasser des Aubaches. Als dritte ist die Frinksmühle in der Marau zu nennen (42/3).

42.1 MONTABAUR

Name: **Walkmühle der Wollweberzunft (Wollweberwalkmühle) am Rossberg**
Gewässer: **Mühlgraben vom und zum Aubach/Gelbach**
Lage: **unter dem „Rosenberg“ (Rossberg), Hammerweg 17**
Art der Mühlen: **Wollwalkmühle (später andere Nutzungsarten)**
Fotos: **2017, Inserat 1920**

Dieser Mühlenplatz bietet ein Beispiel dafür, wie die vorhandene Wasserkraft durch Gebäudeveränderungen bzw. -ergänzungen, vor allem aber durch Ausstattung mit spezieller Mühlentechnik, sehr unterschiedlichen Nutzungen dienstbar gemacht werden kann. 1765 als Walkmühle für die Montabaurer Wollweberzunft erbaut, wird sie vor 1818 von der Zunft an Peter Gießen verkauft. Eine ihm 1822 erteilte Konzession zur Umwandlung in eine Ölmühle wird nicht umgesetzt. Erst die Erlaubnis von 1831, die Walkmühle zu einer Mahlmühle umzurüsten, kommt zur Ausführung, nicht aber zu einer Inbetriebnahme. Das besorgt im Jahr darauf der neue Eigentümer Georg Homann I. Dessen Sohn, Georg Homann III, von Beruf „Mahlmüller“, veräußert die Anlage einschließlich der neu erbauten Lohmühle 1865 an Mayer Löb und „Konsorten“ (Mayer, Samuel, Jakob sowie Moses Löb jun. und dessen Ehefrau Biene, s. Nr. 39). Das Familienunternehmen ergänzt die Anlage durch eine Wollspinnerei. 1897 verkauft Maier Löb die Gebäude zur Anlage eines Elektrizitätswerks an die Stadt. >>>

Weil sich der Stadtrat jedoch für einen anderen Standort entscheidet, wird die Mühle wieder verkauft. Besitzer ist 1899 der Bauunternehmer Peter Gerharz von Arzbach. Um den Betrag von 5000 Mark, den Gerharz für den Ankauf ausgelegt hat, erwirbt Friedrich Fischer 1902 das Mühlenanwesen. Auf dessen Angebot hin kauft es 1903 Heimann Stern. Von dessen Witwe gelangt es 1909 an den Schreiner Lorenz Stendebach, der dort spätestens seit 1927 mit modernster Ausstattung unter Einsatz unterschiedlicher Presstechnik (hydraulische Pressen, Schneckenpresse) die Ölherstellung betreibt.

Mehrere Zeitungsanzeigen weisen auf die Leistungsfähigkeit seiner Ölmühle hin. So heißt es zum Beispiel 1919, Lorenz Stendebach sei durch Vergrößerung der Mühlenanlage im Stande, „jedes Quantum Raps in Öl umzutauschen". 1920 differenziert der Ölmüller seine Lieferprodukte: Rüböl und gekochtes Leinöl. Nach dem letzten Krieg, besonders in dem guten Bucheckernjahr 1948, haben es viele Westerwälder begrüßt, in der Stendebacher Ölmühle ihre Ölfrüchte gegen Öl eintauschen zu können.

Die Namen der Besitzer und selbst deren Konfession finden zeitweise ihren Niederschlag in den Mühlenbezeichnungen: Homannsmühle (1854), Judenmühle (1888), Löb'sche Mühle (1897), Bienchesmühle (1899), Stendebachsmühle (1930). Wahrnehmungen zur Mühlenvergangenheit des noch bewohnten Gebäudes erfordern gute Ortskenntnis.

42.2 MONTABAUR

Name: Walkmühle am Hammersteg
Gewässer: Mühlgraben vom und zum Aubach/Gelbach
Lage: am Hammersteg, (Aubachbrücke), Hammerweg 1
Art der Mühlen: Wollwalkmühle zwischendruch, auch andere Nutzungsarten, u.a. Eisenhammerwerk, Ölmühle
Fotos: Ansichtskarte 1906, ca. 1960, 2017

Seit 1606 und bis 1695 existiert an dieser Stelle eine Walkmühle der Wollweber. Im Jahr darauf verlegt der Eisenindustrielle Johann Mariot aus Lüttich seinen bei Eschelbach befindlichen Eisenhammer (Nr. 52) an den Walkmühlenplatz. Zunehmende Schwierigkeiten bei der Beschaffung von Holzkohlen zur Bearbeitung des Eisens führen 1737 das Ende des Hammerwerkes herbei. Jakob Schupp kauft den Platz und legt nach Abbruch des Hammers eine Wiese dort an. 1779 erwirbt der auf der unteren Walkmühle (Nr. 42/1) lebende Peter Müller das Gebäude und errichtet mit Konzession vom 10. Juni 1779 eine Ölmühle. Am 26. Juli 1788 wird ihm zusätzlich die Anlage einer Walkmühle konzessioniert sowie die Genehmigung, „Türkey" zu walken. >>>

In den Kellereirechnungen 1789 ff. kommt diese Produktbezeichnung in verschiedenen Schreibweisen vor: Türkey, Türtey, Türtig, Zürtie. Es hat den Anschein, als habe der kurfürstliche Finanzbeamte in Montabaur keine rechte Vorstellung von der Bedeutung dieses Begriffes gehabt. Türtei ist eine Stoffmischung aus Schafwolle und Leinen. Es handelt sich um einen Grundstoff für unverwüstliche Arbeitskleidung der Landbevölkerung. Türtichstoffe haben die Bauern selbst hergestellt. (Türtich = Türtei = frz. tiretaine). Die Doppelmühle gelangt 1818 durch Kauf an Barthel Müller und weiter an Hirsch Löb von Montabaur, der seinen Besitz (Öl- und Walkmühle sowie Wollspinnerei) am 12. August 1851 an Philipp Stuntz veräußert. Seit 1911 gehört die Anlage (Wollspinnerei) Hermann Löb, der einen Schrotgang zur Mehlherstellung installiert.

Am 18. November 1930 kauft Lorenz Stendebach die Gebäude. Aus der Zeit um 1900 stammt das markante Foto der Spinnereifabrik mit Kesselhaus und dem Schornstein (Nr. 41). Die Firma Stendebach nutzt die Anlage auch heute noch als Geschäfts- und Lagerhaus

42.3 MONTABAUR

Name: Wollweberwalkmühle in der Marau, Frinks Mühle
Gewässer: Niederelberter Bach (Hollerbach)
Lage: in der Marau
Art der Mühlen: Wollwalkmühle
Fotos: 1937, 2017

Der Niederelberter Bach (Hollerbach) treibt in seinem unteren Bereich die Mühlräder zweier Mühlen an. Sie dienen im Laufe ihrer Geschichte mehreren Funktionen, auch als Walkmühlen. Die bachaufwärts gelegene Walkmühle ist eher bekannt geworden als Frinks Ölmühle. Schon 1681 wird sie als Walkmühle erwähnt, und zwar als Wollwalkmühle des Georg Frink, bevor sie durch Konzession vom 11. Februar 1713 die Funktion einer Ölmühle übernimmt und die des Wollwalkens aufgibt. Heinrich Frink bemüht sich jedoch 1788 wieder darum, Wolltuch walken zu dürfen, und zwar ausdrücklich „halbwollenes und halbleinenes zeug". Eine förmliche Genehmigung dazu ist wohl nicht erteilt worden, da die wasserbautechnische Anlage unverändert bleibt. Aus den Mühlenakten ist zu ersehen, dass er nun Leder walkt, aber nur kurze Zeit (s. a. Nr. 40,41, 42).

43 MONTABAUR

Name: Sauertaler Mühle
Gewässer: Aubach
Lage: außerhalb der Stadtmauer, heute: Eichwiese
Art der Mühle: Papier- bzw. Farbmühle
Foto: Gemälde eines Unbekannten

Hier wird nur noch einmal – gesondert – auf diese beiden Mühlenarten hingewiesen, die im Gebäude der Sauertaler Mühle in Funktion gewesen sind. Nach Anfangsschwierigkeiten 1769 und 1771 überträgt die Stadt 1772 dem Papiermacher Johann Konrad Spangenberg die Mühle in Afterpacht für jährlich 100 Reichstaler. In finanzielle Bedrängnis geraten, verkauft er die Papiermühlentechnik seinem Geldgeber, dem Montabaurer Ratsverwandten (und späteren Bürgermeister) Johannes Printz, der vom Stadtrat auch den Afterbestand übernimmt. Sein Sohn und Nachfolger als Afterbeständer und Papiermacher schließt 1812 einen Vertrag mit dem Papierfabrikanten Moritz Christian Hardt über den Verkauf des Papiermühleninventars und überträgt ihm mit Zustimmung des Rates den Afterbestand. Von Hardt wechselt schon 1814 beides an Johannes Langer. Von ihm ist ein kleines Druckwerk mit dem Titel „Selbstbiographie und Gedichte von Matthias Langer zu Montabaur" von 1821 überliefert. Darin beschreibt er auch die in der Mühle vorhandene Technik zur Papierherstellung. Von Printz'-Sohn Matthias erwirbt die Stadt 1853 den Afterbestand durch Kauf zurück und bietet ihn bei einer Versteigerung zum Kauf an. Nicht der Meistbietende, sondern der Montabaurer Kaufmann Nikolaus Tönges mit dem zweithöchsten Gebot von 2705 Gulden wird neuer Afterpächter. Nach einem Intermezzo andersgearteter Nutzung (s. Nr. 38) und der Ablösung der Erbleihe 1874 durch die Stadt (7/8) und die Gemeinde Horressen (1/8) verpachten beide Gemeinden 1895 die Sauertaler Mühle an die Gebrüder Hermann von Selters, die dort fortan für 20 Jahre eine Farbmühle betreiben.

44 MONTABAUR

Name: Entsprechend der Funktion
Lage: Innenstadt und Randgebiete
Art der Mühlen: Spezielle Mühle
Fotos: Sägewerk Quirmbach um 1890 u. 1957

Von einigen Mühlen in der Stadt oder in ihrem Umfeld sind nur spärliche Nachrichten überliefert. Sie dennoch zu erwähnen geschieht unter dem Gesichtspunkt, durch interessierte Leser zusätzliche Hinweise zu erhalten.

1. Die Pfeffermühle bei der Kirche ist für das Jahr 1452 belegt.
2. Eine Kartoffelmühle in der Stadt soll 1845 in eine Schnapsbrennerei umgewandelt werden. Vermutlich handelt es sich bei diesen Kleinbetrieben nicht um Wassermühlen, sondern um durch Menschen- oder Tierkraft bewegte Einrichtungen.
3. Auf eine Senfmühle in einem Lagerschuppen der Firma Bahl bei der Aumühle Eschelbach weisen Katastereintragungen aus dem Jahre 1910 hin. Sie besteht wohl 1918 nicht mehr, indem sie einer Ölmühle gewidmet ist.
4. Aus dem Jahr 1587 stammt der Hinweis auf eine Schleifmühle im Gelbachbereich unterhalb des Geyersberges. >>>

5. Mehr als eine kurze Erwähnung verdient die Kenntnis von einer Windmühle bei dem ausgegangenen Dorf Aldendorf zwischen Montabaur und Eschelbach. Ihre Existenz im Jahre 1349 weist sie gegenüber den beiden anderen je im Westerwald errichteten Mühlen dieser Art (auf den Resten der Burg Helfenstein – Ehrenbreitstein 1672 und bei Rüscheid/VG Rengsdorf 1882) als Seniorin aus.

6. Schneidemühlen/Sägemühlen, nach heutigem Sprachgebrauch Sägewerke, im speziellen Fall für Holz, kommen im städtischen Umfeld an drei Stellen und zu unterschiedlichen Zeiten vor. In der „Geschichte der Stadt und Burg Montabaur", Montabaur 1876, S. 8, erwähnt Karl Ambrosius Meister, dass sich 1617 im Sauertal eine Schneidmühle befunden habe. Eine weitere wird am 7. Dezember 1700 für den Zimmermeister Hubert Delatour am Biebrichsbach genehmigt. (s. Nr. 55) Die dritte Schneidemühle ist identisch mit dem Sägewerk Adam Quirmbach, der 1886 die Allmannshauser Mühle gekauft und 1889 dort zusätzlich eine „Holzschneiderei" eingerichtet hat. Das Unternehmen nutzt die Wasserkraft des Aubaches seit 1896 auch zur Stromerzeugung für die Stadt. Als Sägewerk Quirmbach besteht die Firma bis 1984 und noch weitere elf Jahre als Holzwerk Rasselstein. Auf dem Gelände sind heute mehrere Gewerbebetriebe ansässig (s. Nr. 36).

45 MONTABAUR-BLADERNHEIM

Name: Mahlmühle
Gewässer: Gelbach
Lage: Mittelaustraße 1
Art der Mühle: Getreidemühle
Fotos: 2017, 1915

Der erste Beleg für das Vorhandensein einer Mühle zu Bladernheim führt ins Jahr 1353, indem von Montabaurer Bürgern berichtet wird, die einen Zins von dieser Mühle besitzen. Möglich, dass es sich bei diesem „Zins“ um eine Einnahme handelt, die 1548 der Kirche und der Almosenkasse in Montabaur zusteht. Zur Lage und der Benennung der Mühle lautet der Hinweis in dem zuletzt genannten Jahr „Unter Reckendahl zu Bladernheim eine moele genannt Hannes Muel“. Vermutlich lebt zu dieser Zeit ein Johannes Müller in der Bladernheimer Mahlmühle. Bei dem Müller-Hannes handelt es sich nur um den Betreiber. Besitzer ist wohl eine kirchliche oder soziale Einrichtung der Stadt. Auch im 18. Jahrhundert sind die Müller in Bladernheim nur Pächter. Das belegen die Akteneneintragungen, z. B. von 1754 und 1786. In den Belehnungsurkunden der genannten Jahre erfahren wir, dass Peter Metternich auch Öl herstellt (s. Nr. 46). Seine Nachfolgerin Johann Metternich Witwe ist 1818 nur noch Mahlmüllerin. Ihr obliegt die Verpflichtung, außer einer Fruchtabgabe (Futterhafer) als Wasserlaufgebühr, auch eine Kornzuwendung an das Hospital in Montabaur zu entrichten.

Um 1820 erwirbt Anton Trumm das Eigentum an dieser Mühle und begründet dadurch den Familienbesitz. Das abgebildete Mühlenhaus wird 1888/1889 erbaut. Außer der Müllerei wird auch Landwirtschaft betrieben, bis die Getreidevermahlung Anfang der 1920er Jahre endet. Ewald Trumm, Sohn des letzten Müllers, erinnert sich an Berichte seines Vaters: In dieser Zeit sei das Mauerwerk, in dem sich das Lager des Wellbaumes befand, eingebrochen. Für eine Reparatur sei zunächst kein Geld vorhanden gewesen. Sein Vater habe schließlich im Jahre 1928 die Mühle wieder in Betrieb nehmen wollen, davon aber schließlich doch Abstand genommen. Um 1940 habe er seinem Vater geholfen, den noch intakten Walzenstuhl zur Brüdermühle nach Wirzenborn zu transportieren. Heute sieht man dem verputzten Bruchsteingebäude, das als Wohnhaus dient (s. Foto unter Nr. 46), seine Mühlenvergangenheit nicht mehr an.

46 MONTABAUR-BLADERNHEIM

Name: Ölmühle
Gewässer: Gelbach
Lage: bei der ehemaligen Getreidemühle, Nr. 45
Art der Mühle: Ölmühle
Foto: 2017

Bei der Anfang des 18. Jahrhunderts schon seit über 350 Jahren bestehenden Mahlmühle existiert seit spätestens 1680 auch eine separate Ölmühle. Sie lässt sich spätestens seit diesem Jahre in Wirzenborn nachweisen. Die Rechnung der Kellerei Montabaur von 1680 vermerkt dazu: Wasserlaufgebühr „von der Ölmühle zu Wirzenborn modo Bladernheim" 2 Gulden 6 Albus (modo = nun). Ob es sich dabei um einen echten Mühlentransfer handelt, im Sinne von Verlagerung des Gebäudes und der Mühlentechnik, oder nur um eine Betriebskonzession, die ursprünglich der Ölmühle in Wirzenborn zugestanden hat, darüber geben die Akten und Eintragungen keine Auskunft. Da die Mahlmühle in Wirzenborn im 30-jährigen Krieg in Abgang geraten ist und erst gegen 1670 wieder neu entsteht, und zwar nur als Getreidemühle, ist es denkbar, dass dabei auf den Ölmühlenanbau verzichtet worden ist, und die Konzession zum Betrieb einer Ölmühle auf den Mühlenplatz Bladernheim gewechselt ist. Konzessionsinhaber ist Heinrich Metternich. Der Betrieb ist räumlich, personell und mühlentechnisch, unter anderem durch ein separates Wasserrad, von der ebenfalls dort gelegenen Mahlmühle getrennt. >>>

Spätestens seit 1754 befinden sich beide Mühlen in Besitz von Peter Metternich, von dem es heißt, er entrichte eine Geldabgabe als Wasserlaufzins für die Ölmühle und ein Fruchtquantum für die Mahlmühle.1818 hat jede dieser Mühlen einen eigenen Betreiber, nämlich Johannn Metternich in der Mahlmühle und Peter Kneiper in der Ölmühle. Um 1830 ist Simon Trumm Besitzer beider Mühlen. Jedoch können seit 1830 Gebäude und Ölmühlentechnik nicht mehr als zweckbestimmt angesehen werden, da sie dem Zerfall preisgegeben sind. Der Mahlmüller Anton Trumm beabsichtigt 1868, in dem ehemaligen Ölmühlengebäude, das er zwischenzeitlich zur Lagerung von Viehfutter nutzt, die Ölherstellung wieder aufzunehmen. Jedoch sieht er davon ab, weil seit einigen Jahren der Verbrauch an „Rüböl" (Rapsöl) stark zurückgegangen ist und zudem nur noch wenig Ölsaat angebaut wird. Grund zu dieser Entwicklung ist die seit etwa 1860 bevorzugte Verwendung von Petroleum als Leuchtmittel. Von der Ölmühle sind keine Bauteile mehr vorhanden. Nach Auskunft von Ewald Trumm in Niederahr, der 1925 in der Bladernheimer Mühle (Getreidemühle) das Licht der Welt erblickt hat, befand sich unter dem Hof der späteren Getreidemühle ein Gewölbekeller, der bis in den Bereich der Straße gegangen sei. Der Raum, vermutlich der Keller der Ölmühle, sei nach dem zweiten Weltkrieg beim Ausbau der Gelbachstraße zugeschüttet worden.

Das abgebildete Wohnhaus befindet sich auf dem Gelände der ehemaligen Mahl- und Ölmühle und ist identisch mit der Abbildung unter Nr. 45.

47 MONTABAUR-ELGENDORF

Name: Gesellschaftsmühle
Gewässer: Dillbornsbach (Waldbach)
Lage: am Ortsausgang Richtung Baumbach „Im Weiherchen“, Mühlenweg 2
Art der Mühle: Getreidemühle (Erbenmühle)
Fotos: Gemälde G. Heil 1988, ca. 1950

Der Elgendorfer Schultheiß (Bürgermeister) Peter Görg II und 39 „Konsorten“ erhalten am 5. Juni 1847 die Genehmigung zum Bau und Betrieb einer gemeinschaftlichen Mahlmühle mit einem Gang (Mahlwerk = Steinpaar). Bereits am 26. Oktober 1847 kann die aktuell gegründete Mühlengesellschaft die Ingangsetzung der Mahleinrichtung vermelden. Wie in anderen Gesellschaftsmühlen (Erbenmühlen) üblich, ist fortan jeder Gesellschafter berechtigt, für eine genau festgelegte Zeit, das Mahlwerk zu nutzen. Alle Mitbesitzer sind aber auch gehalten, die geforderte Wasserlaufgebühr von 10 Gulden sowie die Betriebskosten, z. B. Reparaturen, gemeinsam zu bestreiten. Ein Eintrag in den Katasterunterlagen von 1910 gibt Aufschluss über die Teilnehmer der Erbengemeinschaft. >>>

Unter den Nummern 1–57 sind sie einzeln aufgeführt, und zwar mit sehr unterschiedlichen Anteilen von 1/41 bis zu 1/164. Dabei sind zwei Bemerkungen besonders interessant: Einzelne Anteilseigner haben zum Teil bis zu 20 Mitbeteiligte, die teilweise europaweit verstreut leben. Nach dem letzten Krieg bedienen sich einzelne Bauern noch bis 1949 der beiden Mahlgänge. Die Teilnehmergesellschaft verfällt dann zusehends wie auch das Mühlengebäude selbst. 1958 schlägt dessen letzte Stunde, indem es ganz abgerissen wird. An seiner Stelle befindet sich heute ein Rastplatz mit einer Hinweistafel zur Geschichte des Mühlchens.

48 MONTABAUR-ELGENDORF

Name: Neuhofsmühle
Gewässer: Waldbach
Lage: Grenzbereich Elgendorf/Eschelbach
Art der Mühle: Getreidemühle

Ein Eintrag in den kurtrierischen Rechnungsbüchern der Kellerei (Finanzverwaltung) Montabaur von 1566 nennt diese Mühle "meins gnedigsten Herrn Moell bey dem Newenhof". Der Mühlenplatz erfährt 1589 eine etwas genauere Ortsbestimmung durch den Zusatz „untig Elgendorf", und 1603 wird die örtliche Zugehörigkeit so definiert: „Muell zum Newen Hoiff". Aus diesen Eintragungen ist zu entnehmen, dass die Mühle kurfürstlichtrierischer Besitz ist, den Bewohnern des Neuen Hofes zur Getreidevermahlung dient und unterhalb von Elgendorf liegt. Spätere Nachrichten über den Standort lassen daran zweifeln, ob das „untige Elgendorf" auch seine Lage innerhalb der Elgendorfer Gemarkungsgrenzen kennzeichnet oder schon dem Dorf Eschelbach zugehörig ist. Lassen wir sie als Elgendorfer Mühle gelten, bleibt noch zu klären, ob das auch für den Neuen Hof gilt , 1818 abgebrochen. Dieses Hofgut – einst zwischen Elgendorf und Montabaur gelegen – ist völlig verschwunden. An seine Lage erinnert nur noch der Gemarkungsname. „Auf der Hofheide" in der Nähe des Montabaurer Tierheims. >>>

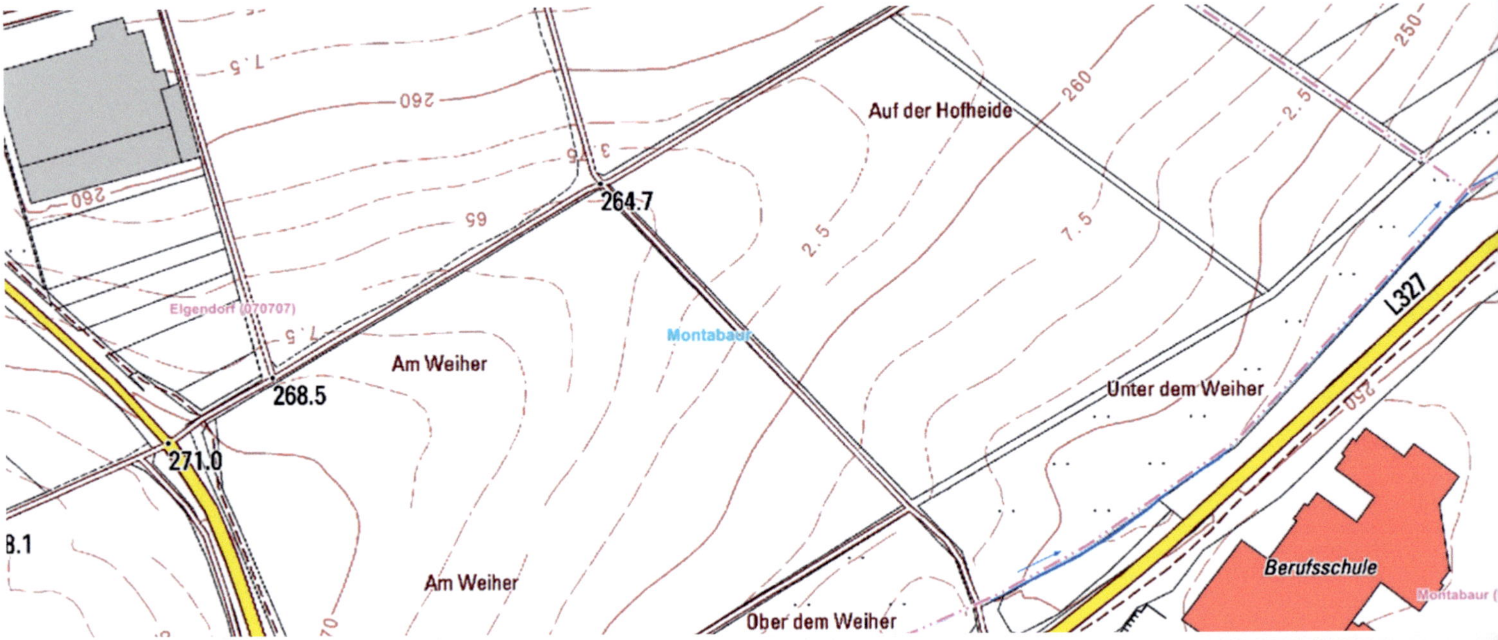

Auch das Gebäude der Neuhofsmühle ist längst beseitigt; seit 1650 wird sie als „abgängig“ bezeichnet. Den Grund dafür kann man der 1655er Montabaurer Kellereirechnung entnehmen, indem dort geschrieben steht, die Mühle beim Neuhof besitze nun Herr Marioth, an dem Platz der Mühle stehe jetzt die „Schmelzhütte“ (Eisenschmelzhütte). 1694 wird der „Abgang“ der Mühle noch genauer in einer Urkunde erläutert, dass nämlich die Eisenhütte zu nahe an die Mühle gebaut worden sei „ wodurch dieser, das Wasser benommen und sie dadurch also unfruchtbar (d. h. ungangbar) geworden sei“. Jedoch erfreut sich die Neuhofsmühle einer Nachfolgerin, die in der Eschelbacher Gemarkung als „Hüttenmühle“ (s. Nr. 49) 1742 errichtet wird.

49 MONTABAUR-ESCHELBACH

Name: **Hüttenmühle**
Gewässer: **Waldbach**
Lage: **an der ehemaligen Verbindungsstraße Elgendorf/Eschelbach**
Art der Mühle: **Getreidemühle**
Fotos: **um 1920, Gemälde ca. 1946, 2009**

Das Schicksal der Hüttenmühle ist eng mit dem einst an gleicher Stelle gelegenen Eisenhüttenwerk verbunden. 1639 gestattet der Trierer Kurfürst Philipp Christoph dem Lütticher Kaufmann Johann Mariot, im Amt Montabaur Eisenerz zu fördern und „hohe Öfen" (Eisenschmelzen) zu erbauen. Dieser Vertrag bildet die Grundlage für den Bau einer Eisenschmelzhütte bei Eschelbach und eines Eisenhammerwerkes bei Eschelbach bzw. Montabaur. Das Hüttenwerk bei Eschelbach entsteht „an der Lutsche". (1827 heißt dieser Gemarkungsteil „Lutschenwiese", heute hingegen „In der Hüttenwiese") Wie unter Nr.48 erwähnt, führt die Lage dieser Schmelzhütte zum Untergang der nahe dabei befindlichen (Neuhofs-) Mühle. 1737 sind die Besitzer des Hüttenwerks genötigt, aus Mangel an Erzen – und gewiß auch an Holzkohlen – das Werk aufzugeben. Die kurfürstliche Finanzkammer überträgt 1747 Anna Katharina Coenen, einer Erbin des Johann Mariot, den Platz der eingegangenen Hütte zum Bau einer neuen Mühle. >>>

Ihr Ehemann, der kurtrierische Zollschreiber Heinrich Ludwig Coenen hat etwas voreilig bereits 1742 mit dem Mühlenbau begonnen, ist aber gezwungen, bis zur Erteilung der amtlichen Genehmigung 1746 damit einzuhalten. 1778 beantragt die Mühlenbesitzerin, die inzwischen zum dritten Male Witwe gewordene, vormalige Frau Coenen, nunmehrige Witwe Rissel, die Versteigerung des nutzbaren Eigentums an der Mühle, dem Kurfürst Clemens Wenzelslaus am 12. April 1779 seine Zustimmung erteilt. (Der Kurfürst ist als Leihgeber noch immer Obereigentümer der Mühle). Johann Jakob Wolf von Eschelbach wird durch Kauf neuer Erbpächter und Betreiber der Hüttenmühle. Viel Leid und großen Verlust erfährt die Müllerfamilie während der 1790er Jahre, indem sich französische Soldaten der Mühle bemächtigen, sie ausrauben und die Bewohner vertreiben. Doch die Zeiten bessern sich nach 1800. Es entstehen neue Gebäude und sogar eine Bäckerei sowie eine Branntweinbrennerei. Johann Jakob Wolfs Tochter Anna Katharina und ihr Ehemann Johann Balthasar Paulus erwerben 1859 durch Zahlung der 25-fachen Jahrespacht (= 2000 nassauische Gulden) das volle Eigentum an der Mühle. 1874 werden die Barmherzigen Brüder von Montabaur neue Mühlenbesitzer, die dort Müllerei und Bäckerei betreiben, bis sie 1904 die leistungsfähigere Mühle in Wirzenborn (s. Nr. 56) käuflich erwerben. Über die Familien Feiner von Elgendorf und Böckling von Eschelbach gelangt die Mühle 1949 an den aus seiner Heimat Schlesien vertriebenen Müller Ernst Kalusa. Er nutzt die Mühle mit einem Mahl- und einem Schrotgang, ersetzt das Wasserrad durch eine Turbine und elektrischen Antrieb. Sein Bemühen, eine amtliche Stilllegung gegen die Gewährung einer Abfindung zu erreichen, hat 1960 keinen Erfolg, weil die erforderliche Tagesleistung von einer Tonne Getreide nicht erreicht wird. Kurze Zeit darauf wird der Mühlenbetrieb ganz aufgegeben. Im Zuge der ICE-Neubaustrecke erwirbt die Bundesbahn das Mühlenareal und verkauft es an einen privaten Interessenten weiter. Das Gemälde, ca. 1946 von der Müllerfamilie Böckling gegen Mehl eingetauscht, stammt von einem unbekannten Maler.

50 MONTABAUR-ESCHELBACH

Name: Gemeindemühle
Gewässer: Waldbach (Elgendorfer Bach)
Lage: Rosenstraße 2
Art der Mühle: Getreidemühle (Erbenmühle)
Fotos: um 1938, um 1930, 2016

Auf die Frage: " Wie nennt man sie?", gibt es mehrere Antworten: Gemeindemühle (1664), Eschelbacher Mühle (1813), „Eschelbacher oder Kautenmühle" (1826), Bohrsmühle (1835), Eschelbacher Gesellschaftsmühle (1845), Erbenmühle (1847), Pehlsmühle (1874), Rothsmühle (1892). Der Name Kautenmühle in einem Verzeichnis der „Pfarreien, Mühlen" von 1826 ist ungewöhnlich und begegnet uns lediglich noch bei der Kautenmühle in Nomborn (Nr. 32). „Kaut" bedeutet Grube, Senke, Teich oder Vertiefung, ist oft Bestandteil von Gemarkungsnamen und deutet hier auf die Lage unterhalb der Hüttenmühle (Nr. 49) hin.
Der mehrfache Namenswechsel dieser Mühle kann mit einer bewegten Geschichte des Standorts in Verbindung gebracht werden. Aber noch etwas anderes gewinnt an Bedeutung: Sie gehört zu den ältesten Mühlengründungen in der Verbandsgemeinde Montabaur, da sie bereits im zweiten Jahrzehnt des 13. Jahrhunderts zu belegen ist. >>>

Im Buch der Rechte des Trierer Bischofsstuhls im Banne von Humbach (Montabaur) ist ihre Existenz in dem Zeitraum 1211–1214 anzusetzen. Nach spärlichen Nachrichten über mehrere Jahrhunderte tritt sie erst 1663 wieder in den Gesichtskreis unserer Betrachtung, indem nach ihrer Zerstörung während des 30-jährigen Krieges (1618–1648), in jenem Jahr ihr Wiederaufbau erwähnt wird. Abgaben werden von ihr erst gefordert, „wennß Rath läuft", und das ist erst 1667 der Fall. Ab 1710 ist sie in den Montabaurer Kellereirechnungen (Rechnungen der kurfürstlichen Finanzstelle) als Erbenmühle verzeichnet, d.h. sie gehört mehreren Teilhabern. Im 18. Jahrhundert kommt für solche Mühlen im Besitze einer Reihe von Personen der Begriff „Erbenmühle" auf. Ein Mitbesitzer ist 1756 Peter Sprenger. Er verfügt über ¾ aller Anteile. In einer Stellungnahme zu seinem Gesuch um Zuweisung von zwei Eichenstämmen heißt es, sieben Personen seien die Erbauer gewesen.

Vermutlich trifft das für den Wiederaufbau 1663/67 zu. Mit Sprenger vollzieht sich vor 1786 ein Übergang von einer Erbenmühle in eine Privateigentumsmühle eines Besitzers. Dieser heißt 1835 Jakob Bohr. Ihm fällt es schwer, die Wasserpacht von zwei Malter Korn zu erwirtschaften. Weil er eine Reduzierung nicht zugebilligt bekommt, entschließt er sich 1847, einer gerade in Eschelbach gebildeten Mühlengesellschaft den Mitbesitz zu veräußern. Auf diese Weise wird dasselbe Objekt zum zweiten Male zu einer Erbenmühle.

Im 16. Jahr des Bestehens der Erbenmühlengesellschaft (1863) klagt der Hypothekengläubiger Egidius Josef Pinger gegen die 131 „Erben" auf Herausgabe der Mühle zur Befriedigung seiner Forderungen. Aus der deswegen angesetzten Zwangsversteigerung am 9. März 1863 geht der Montabaurer Bäckermeister Josef Pehl mit einem Gebot von 2660 Gulden (83% des Taxwertes) als Letztbietender hervor. Nun wieder Privateigentumsmühle, ist dem Betrieb kein Glück beschieden: 1865 veräußert Pehl die Mühle an Christoph Klein, dessen Witwe 1869 dem Konkurs verfällt. Erneut ersteigert Josef Pehl das Anwesen.

In Johann Escher von der Schwanenmühle bei Elz findet Pehl 1874 endlich einen Käufer. Der aber verzichtet noch im selben Jahr auf die Vollziehung des Kaufes. Die unsteten Eigentumsverhältnisse führen zur Stilllegung des Mühlenbetriebes von 1869 bis 1877. Erst 1892 gelingt es Pehl in Nikolaus Roth von Holler einen solventen Käufer zu finden. Der Mühlenbetrieb kann sich über den ersten Weltkrieg retten, kommt dann aber schon Anfang der 1920er Jahre zum Erliegen. Das renovierte Mühlenhaus dient heute als Wohnung. Über den Wert der von den Eigentümern besessenen Anteile können viele Beispiele angeführt werden, wobei Angebot und Nachfrage den Preis bestimmen. 1860 im Oktober werden für 1/84 Anteil 35 Gulden erlöst, zwei Monate später für einen gleichwertigen Anteil nur 13 Gulden. Auch der Taxwert kann von dem tatsächlich erzielten Preis erheblich abweichen. Balthasar Paulus ersteigert im September 1859 einen auf 60 Gulden taxierten 1/84 Anteil für lediglich 10 Gulden.

51 MONTABAUR-ESCHELBACH

Name: Aumühle, Bahlsmühle
Gewässer: Aubach
Lage: An der Bahlsmühle 10
Art der Mühle: Farbmühle, Senfmühle, Getreidemühle, Ölmühle
Fotos: ca. 1921/1925, 1919, 2017

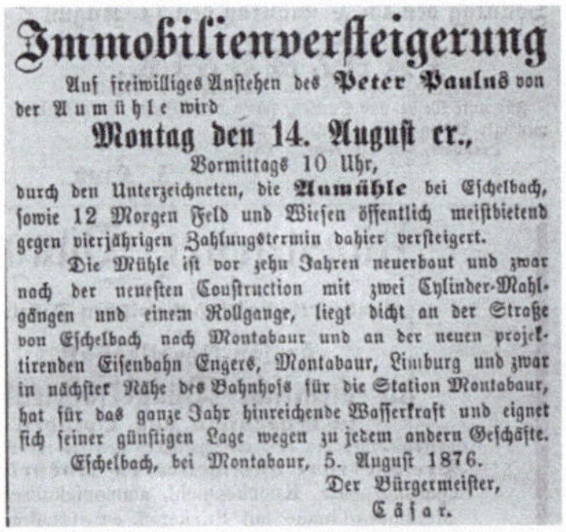

Immobilienversteigerung

Auf freiwilliges Anstehen des **Peter Paulus** von der Aumühle wird

Montag den 14. August cr.,

Vormittags 10 Uhr,

durch den Unterzeichneten, die **Aumühle** bei Eschelbach, sowie 12 Morgen Feld und Wiesen öffentlich meistbietend gegen vierjährigen Zahlungstermin dahier versteigert.

Die Mühle ist vor zehn Jahren neuerbaut und zwar nach der neuesten Construction mit zwei Cylinder-Mahlgängen und einem Rollgange, liegt dicht an der Straße von Eschelbach nach Montabaur und an der neuen projektirenden Eisenbahn Engers, Montabaur, Limburg und zwar in nächster Nähe des Bahnhofs für die Station Montabaur, hat für das ganze Jahr hinreichende Wasserkraft und eignet sich seiner günstigen Lage wegen zu jedem andern Geschäfte.

Eschelbach, bei Montabaur, 5. August 1876.

Der Bürgermeister,
Cäsar.

Der durch Dekret der Nassauischen Landesregierung in Wiesbaden vom 24. August 1865 dem Peter Paulus konzessionierte Aufbau einer Mahlmühle am Aubach kann als Kehraus aller Mühlengenehmigungen in der Verbandsgemeinde Montabaur angesehen werden, denn nach 1865 wird keine Konzession zum Bau und Betrieb einer Mühle mehr erteilt. Paulus betreibt die Mühle mit drei Gängen nur kurze Zeit. Bereits 1876 kündigt er die freiwillige Versteigerung seiner „nach der neuesten Construction mit zwei Cylinder-Mahlgängen und einem Rollgange" erbauten Mühle an. Neuer Besitzer ist Andreas Heibel von Montabaur. Im Jahre 1880 gerät dessen älteste Sohn in das Kammrad und wird tödlich verletzt. 1893 erfährt die Mühle eine grundlegende Umgestaltung.

Die Gebrüder Bahl, seit 1884 Besitzer einer Farbmühle in der ehemaligen Staudter Erbenmühle, erwerben die Aumühle, um dort fortan eine Farbenfabrik (Bildmitte) zu betreiben.
Johann Bahl wird landläufig die Erfindung der chemischen Herstellung der „Ultramarin“ genannten blauen Farbe (kornblumenblau) zugeschrieben. Dies ist jedoch nicht nachzuweisen. Vermutlich ist er nur der Erste, der die Produktion im Westerwald aufnimmt. Die Hersteller von Ultramarin schließen sich 1890 zu den „Vereinigten Ultramarinfabriken ehemals Leverkus, Zeltner und Consorten“ mit Sitz in Nürnberg, (Vorläufer der Bayer AG), ab 1899 in Köln zusammen; die Firma Gebr. Bahl & Co. beteiligt sich an diesen Firmenverbund.

Eine Gebäudebeschreibung erwähnt 1910 eine Senfmühle in einem Lagerschuppen und 1918 in einem Anbau eine Ölmühle, für die 1920 eigens ein Neubau entsteht. Dementsprechend vermeldet das Einwohnerbuch für den Westerwald 1926: „Gebr. Bahl, Öl- und Farbenfabrik“. Das Foto aus dem Jahre 1919 zeigt die Verteilung von Öl unter der Aufsicht von zwei amerikanischen Besatzungssoldaten. Von zwei weiteren Unglücksfällen weiß die Presse zu berichten: Im April 1929 zerstört ein Feuer einen Teil der Gebäude und während des zweiten Weltkrieges muss die Firma infolge von Bombenschäden die Produktion einstellen. Die alte Bausubstanz ist noch vorhanden und in den 2002 errichteten Fachmarkt für Raumgestaltung integriert. Der ehemalige Kollergang (Foto) auf dem Betriebsgelände erinnert an die Ölherstellung.

52 MONTABAUR-ESCHELBACH

Name: Hirsemühle
Gewässer: Aubach
Lage: zwischen Eschelbach und Wirges
Art der Mühle: Hirsenschälmühle, Getreidemühle, Ölmühle
Fotos: Aquarell eines Unbekannten 1934, 1940, 1956

Laut Urkunde des Trierer Kurfürst-Erzbischofs Johann Hugo vom 18. Dezember 1681, wird dem Müller Hans Wilhelm Sabel (Betreiber der Ritzmühle bei Dernbach) die Erlaubnis erteilt, auf seinem eigenen Grundstück, „darauf die Marioth einen Hammer gehabt", eine Hirsenschäl- samt einer Ölmühle zu erbauen. (Der hier erwähnte Eisenhammer lässt sich später in Montabaur nachweisen). 1709 übernimmt Freiherr Philipp Ludwig von Hilchen zu Lorch, „Obrist und Coimendant zu Coblentz" den Mühlenbesitz. Er ergänzt die Hirse- und Ölmühle durch einen Mahlgang. Die Witwe und die sieben Söhne des Mühlenerbauers Sabel sind weiterhin die Mühlenbetreiber, jedoch nur als Pächter. Der neue Mühlenbesitzer überträgt ihnen als Bannmahlgäste die Bewohner von Dernbach und Staudt. Die Bannpflicht bezieht sich nur auf die Mahlmühle, jedoch nicht auf die Hirse- und Ölmühle. Nachdem Peter Paulus Eigentümer der Hirsenmühle geworden ist, einigen sich 1782 die bannpflichtigen Gemeinden mit dem Müller zur Übernahme der acht Malter Korn, die dem Landesherrn als „Bannkorn" zustehen.

Dadurch steht ihnen fortan frei, mahlen zu lassen, wo immer es ihnen gefällt. Diese freiwillig übernommene Getreidelieferung lösen beide Gemeinden 1864 durch eine Geldzahlung im 25fachen Jahreswert ab. Die zusätzliche Funktion der Mahlmühle als Hirsen- und Ölmühle ist zu diesem Zeitpunkt nicht mehr gegeben. Besitzer der Mühle ist in jenem Jahr Familie Becker. Mathias Becker kündigt 1908 und 1910 die freiwillige Versteigerung der Mühle mit 450–500 Kunden, einschließlich Inventar und Grundstücken für 55.000 Mark zum Kauf an. Anstatt eines neuen Betreibers bestimmt der „rote Hahn" das weitere Mühlenschicksal. Am 9. Juni 1911 vernichtet ein Großbrand das Wohnhaus samt Mobiliar, die Mühle mit der gesamten Mahleinrichtung sowie erhebliche Mengen an Frucht und Mühlenprodukten.1918 übernimmt die Gemeinde Eschelbach die Brandstätte und die landwirtschaftlichen Gebäude, verkauft das gesamte Areal im Jahr darauf an den Wirgeser Bauunternehmer Adam Marx, der es 1930 an den Privatmann Peter Fluck aus Wiesbaden weiter veräußert. Den von Marx errichteten Neubau ergänzt Fluck durch An- und Umbauten, wodurch bis 1938 ein ansehnlicher Gebäudebestand entsteht. Mit fünf Walzenstühlen zur Weizenvermahlung, einem Schrotgang für Roggen und Hafer, angetrieben durch eine Wasserturbine und einen starken Elektromotor, ist die Hirsenmühle ein leistungsfähiges Müllerei-Unternehmen, das in der VG Montabaur seinesgleichen sucht. Nur knapp 25 Jahre kann sich die Mühle noch behaupten, bis sie 1962 Opfer einer Verlegung der Straße Eschelbach – Wirges wird.

53 MONTABAUR-ETTERSDORF

Name: Ettersdorfer Mühle
Gewässer: Gelbach
Lage: Brückenstr. 7
Art der Mühle: Getreidemühle
Fotos: um 1920, 1921, um 1960, 2018

Die 1548 erwähnte Mühle im Dorf hat mehrere Eigentümer, nämlich die Adelsfamilie Frei von Dehrn zu einem Drittel und „viele gemeine Erben" zu zwei Drittel. Die Mahlstätte wegen der vielen Erben als Erbenmühle zu bezeichnen, ist unangebracht. Während des 30-jährigen Krieges in Verfall geraten, kommt die Mühle erst 1665 wieder in Gang. Sie ist jedoch auf Kundschaft von außerhalb angewiesen, denn im Dorf selbst existieren nur fünf Häuser. Im Bestreben, weitere Mühlengäste aus dem Kirchspiel Kirchähr (zu dem auch Ettersdorf gehört) zu binden, gerät Müller Metternich 1736 in Konflikt mit dem Dieser Müller Trumm, der für seine Mühle ein Bannrecht in Anspruch nimmt und auch durch kurfürstliche Beamte bestätigt bekommt.

1783 ist Nikolaus Nebgen Ettersdorfer Müller. Ein 1932 erschienener Zeitungsbericht „100 Jahre Ettersdorfer Mühle" ist irreführend. Zutreffend ist, dass Mitglieder der Familie Wolf seit 1831 diese Mühle betrieben haben, beginnend mit Kaspar Wolf von der Gilbertsmühle in Niederahr. Ein Antrag der Gebrüder Heinrich und Josef Wolf gegen eine Stilllegungsprämie den Mühlenbetrieb 1963 aufzugeben, scheitert an der geringen Ausnutzung der Mühle von weniger als einer Tonne Getreide als Tagesleistung. Auch nach der Betriebsstilllegung um 1965 wird das Gelbachwasser noch zur Stromerzeugung genutzt. Das Mühlengebäude dient gegenwärtig als Lagerraum für die angeschlossene Landwirtschaft.

54 MONTABAUR-ETTERSDORF

Name: Heckenmühle
Gewässer: Gelbach
Lage: außerorts, Richtung Isselbach
Heckenmühle 1
Art der Mühle: Getreidemühle, Ölmühle
Fotos: um 1950, 1970, 2017

Auch die zweite Etterdorfer Mühle gilt seit 1548 als urkundlich belegt. 1662 ist sie als „Mühle vor der Hecken" verzeichnet, wodurch gleichzeitig ihre Lage bestimmt ist. Gegen Ende des 18. Jahrhunderts sind auch hier Mitglieder der Müllerfamilie Wolf Mühlenbesitzer. Kaspar Wolf betreibt 1818 die Mahlmühle sowie eine erstmals erwähnte Ölmühle. Beide Unternehmen befinden sich an der gleichen Stelle. Sie werden 1854 getrennt bewirtschaftet, und zwar durch Christian und Johann Adam Wolf, nach Christians Tod 1868 jedoch wieder gemeinsam von Johann Adam. Etwas unverständlich spricht ein amtliches Schreiben 1881 „von der Obermühle, genannt Heckenmühle". Von Ettersdorf aus gesehen, liegt doch diese Mühle unterhalb des Dorfes am Gelbach. Weil es in dem erwähnten Schreiben um eine Auseinandersetzung wegen der Wassernutzung durch den Müller Andreas Bruchhäuser und seiner bachabwärts gelegenen Giershäuser Mühle geht, ist die Angabe „Obermühle" für ortsunkundige Sachbearbeiter bei der Regierung im „fernen" Wiesbaden verständlicher.

Spätestens 1901 kommt durch den Tod von Johann Adam Wolf der Ölmühlenbetrieb zum Erliegen. Neuer Heckenmüller wird 1902 Heinrich Eufinger. Seine Nachkommen legen die Mühle sowie die schon Ende des 19. Jahrhunderts betriebene Bäckerei wohl in den 1950er Jahren still, denn 1956 macht sie schon als „Pension im Tal" auf sich aufmerksam. An dem später als Wohnhaus genutzten Gebäude deutet die angebrachte Aufschrift „Keramikverkauf" mühlenfernen Geschäftsbetrieb an. Heute ist das Gebäude wegen Baufälligkeit nicht mehr bewohnt.

55 MONTABAUR-HORRESSEN

Name: Schneidmühle
Gewässer: Biebrichsbach
Lage: zwischen Montabaur und Horressen
Art der Mühle: Sägemühle

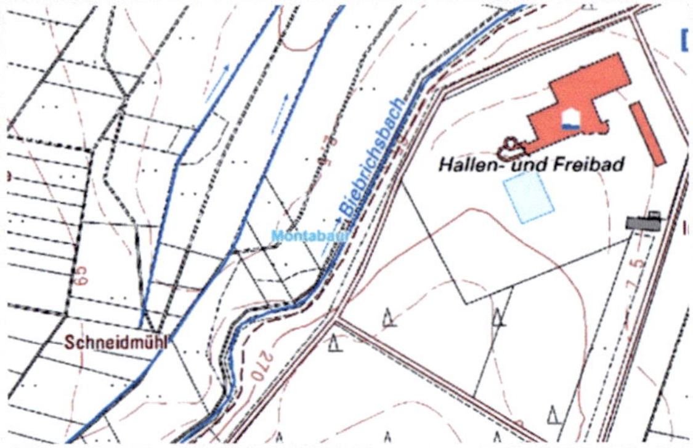

Bei einer Grundstücksverpachtung domänenfiskalischer (staatlicher) Ländereien 1910 wird deren Lage mit „auf der Bächel ober der Schneidmühle“ angegeben. Ein Akteneintrag 100 Jahre zuvor verweist auf eine ehemalige Schneidmühle „auf der Walkbach“, die seit langer Zeit nicht mehr existiere. Um sie fassen zu können, sind erneut 100 Jahre zu überspringen. Am 7. Dezember 1700 erhält der Zimmermeister Hubert Delatour von Montabaur die Genehmigung, auf seinem eigenen Grund am Stadtwald und dem „daselbst vorbeylaufenden Stadtbach“, eine Schneidmühle „setzen zu dürfen“. Außer der Zahlung einer jährlichen Wasserlaufgebühr von sechs Gulden, ist er gehalten, „die zum Bedarf der kurfürstlichen Gebäude notwendigen Hölzer bevorzugt zu schneiden“. Im Frühjahr 1746 bittet der Zimmermeister Johannes Printz um Nachlass der Wasserpacht. Zur Begründung seines Gesuches verweist er auf die Zerstörung seiner Schneidmühle durch alliierte Truppen im Frühjahr 1745 hin (Österreichischer Erbfolgekrieg 1740–1748). Die kurfürstliche Verwaltung verzichtet „bis zur Herstellung“ auf die Zahlung der Wasserlaufgebühr. Von einer (Wieder-) Herstellung kündet jedoch keine Quelle. Die genaue Lage der Mühle im Grenzbereich Horressen/Montabaur ist nicht bekannt.

56 MONTABAUR-WIRZENBORN

Name: : Brüdermühle (Klostermühle)
Gewässer: Gelbach
Lage: Im Gelbachtal (L 313) 2
Art der Mühle: Getreidemühle, zeitweise Ölmühle
Fotos: Um 1905, Annonce 1903, 2017

Die Lage dieser Mühle wird im Jahr ihrer Konzessionierung (1486) als am „kahlen berge gelegen" beschrieben. 1548 kommt die Beziehung zum Ort deutlicher durch „moele bei Wirtzendale" zum Ausdruck. Auch sie übersteht den 30-jährigen Krieg (1618–1648) – wie viele andere in der VG – nicht unbeschadet. Erst 1653 kann der kurfürstliche Finanzbeamte in Montabaur wieder eine Einnahme von einem Malter Korn an Wasserpacht in seiner Jahresrechnung eintragen. Während des ganzen 18. Jahrhundert und bis 1820 leben und wirken Mitglieder der Müllerfamilie Henkes in der schon seit 1663 als Bannmühle für Wirzenborn und Reckenthal geltenden Mühlenanlage. Die Mahlgäste von Daubach und Stahlhofen überlässt Georg Henkes wohl 1744 dem Wiesenmüller bei Boden (s. Nr. 1). >>>

Mühlenverkauf.

Samstag den 6. Juni d. Js.,

vormittags 9 Uhr,

lassen **Joseph Kraus** und dessen **Erben** von **Wirzenborn** ihre daselbst belegene

Mahlmühle

und Oekonomiegebäuden

Krtbl. 1, Nr. 10 d. Gebstr., **16 Ar 22 qm groß,** nebst **9** dazu gehörigen **Wiesen** Krtbl. 5, Parzellen Nr. 159, 160, 161, 162, 163, 164, 165, 166 und 167 **zus. 79 Ar 87 qm groß** im Dienstzimmer des Unterzeichneten öffentlich freiwillig abteilungshalber versteigern.

Am selben Tage, nach Schluß dieser Versteigerung, circa 10 1/2 Uhr, lassen dieselben

3 schöne junge frischmelkende Kühe, 5 Rinder (2 hochtragend) sowie 1 Stute (gedeckt) 6-jährig und eine 3-jährige Stute (eingefahren),

an Ort und Stelle öffentlich freiwillig meistbietend versteigern. Die Versteigerungsbedingungen können bei dem Unterzeichneten von heute ab eingesehen werden, und werden im Termine bekannt gegeben.

Wirzenborn, den 26. Mai 1903.

Der Ortsgerichts-Vorsteher:

Daun.

Den ihm zugesprochene Bann über Heiligenroth vermag er allerdings nicht durchzusetzen. 1820 bietet Johann Henkes die „nie Wasser und Kundschaft arme Mahl Mühle" mit allem Mühlengeschirr, Haus- und Ackergeräten, Grundstücken, Groß- und Kleinvieh zur Versteigerung an. Nach der Übernahme des alten Mühlenhauses und der Mühlentechnik durch die Familie Kraus, erstellt Josef Kraus dort 1864 einen Neubau mit zeitgemäßer Ausstattung zur Getreidevermahlung. Durch Vertrag vom 2. Dezember 1904 verkauft Kraus seinen Besitz an die „Caritas-Vereinigung GmbH Montabaur". Darunter ist das Kloster der Barmherzigen Brüder zu verstehen, was in der um 1928 verwendeten Bezeichnung „Klostermühle" oder „Brüdermühle" zum Ausdruck kommt. In der Chronik der Brüder heißt es dazu, dass die bisher in Eschelbach betriebene Mühle (Hüttenmühle, Nr.49) „ihren Anforderungen nicht mehr genügte". 53 Jahre währt dieser Besitzstand bis 1957.

Den Mühlenbetrieb haben die Brüder jedoch schon „vor einigen Jahren" (ca. 1952) aufgegeben. „Mühlengeschirr" und die beiden Wasserräder sind zu diesem Zeitpunkt „noch in gutem Stand". Der neue Eigentümer, Alois Müller von Elgendorf, richtet in der Mühle eine Gastwirtschaft ein, die unter dem Namen „Landgasthof Brüdermühle" als Speisewirtschaft ab 1997 unter einem neuen Eigentümer fortbesteht. Seit dem Jahre 2017 hat die Besitzerin Hildegard Hardert den Betrieb nur noch zeitweise geöffnet. Einträge in den Rechnungen der kurfürstlichen Kellerei in Montabaur belegen, dass die Mahlmühle bis um 1635 mit einer Ölmühle verbunden gewesen ist. Das durch den Krieg (1618–1648) verwüstete Gebäude wird wohl 1652/53 ohne den Ölmühlenanbau wieder instandgesetzt, denn ein Betrieb in dieser Funktion wird fortan nicht genannt.

Erwähnung findet hingegen nach etlichen Jahren, dass die Ölmühle nun in Bladernheim in Betrieb gegangen ist. Wie in solchen Fällen üblich, vermerkt die Kellereirechnung Montabaur eine Einnahme für die Wasserpacht von 2 Gulden 6 Albus von der Ölmühle in Wirzenborn modo Bladernheim. „Modo“ bedeutet „nun, jetzt“. Worte wie “modo“ nennen weder den Grund noch die Art der Verlegung. Handelt es sich dabei tatsächlich um einen Transfer der Ölmühlentechnik von Wirzenborn nach Bladernheim oder nur um eine formale Übertragung der Berechtigung zum Betrieb einer Ölmühle? Spätestens 1680, vermutlich bereits einige Jahre eher, existiert in Bladernheim eine von der dortigen Mahlmühle in Gebäude und Besitzer unabhängige Ölmühle.

EIN UNIKAT – DIE WINDMÜHLE UNTERHALB VON ALDENDORF

Der einzige Hinweis auf eine Windmühle im Bereich der Verbandsgemeinde Montabaur ist in einer Urkunde von 1349 enthalten. Die Gebrüder Knappen Heinrich und Berno, Söhne des verstorbenen Schwalborn, verkaufen für 14 Mark dem Johann zu Rübenach, Bürger zu Montabaur, zwei Grundstücke bei Montabaur „gelegen ist uff bei der Wintmülen" unterhalb des ausgegangenen Dorfes Aldendorf. Die Urkunde trägt die Datierung „1349 an Servatius" (13. Mai).

Die Siedlung Aldendorf war im Mittelalter eine „Vorstadt" von Montabaur. Das „Liber annalium iurium", eine Bestandsaufnahme der Güter und Rechte des Erzbischofs von Trier, verzeichnet 1211/1214 einen Ort und Hof Aldendorf zwischen Eschelbach und Humbach (Montabaur) gelegen, von dem der Erzbischof sechs Malter Hafer Pachtzins erhielt. Nach der Urkunde ist der Ort zu dieser Zeit schon untergegangen.

Der Ortsname hat sich nur in Flurnamen erhalten, wie „die hinterste Altendorffer oder Älberter Höhe„ (1723), heute Alberthöhe.

Der in der Urkunde erwähnte (verstorbene) Ritter Hermann Schwalborn gehörte vordem zur Burgmannschaft von Mons Tabor (Montabaur). Seine beiden Söhne waren Knappen, d. h. angehende Ritter. Das Geschlecht stammte von Mühlheim im Tal (Ehrenbreitstein) und nannte sich nach dem dortigen Sauerbrunnen, dem Schwalborn.

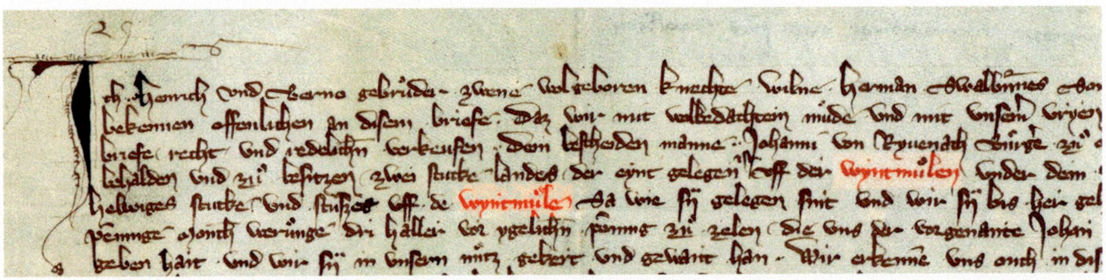

In der Urkunde ist – wie hier in dem Ausschnitt – das Wort Wyntmülen nicht gekennzeichnet.

Die Originalurkunde wird im Hessischen Hauptstaatsarchiv in Wiesbaden unter der Signatur 116/14 U verwahrt.

ORTSWAPPEN MIT MÜHLENSYMBOLEN

In zwei Wappen von Ortsgemeinden in der Verbandsgemeinde Montabaur ist das Mühlenrad zu finden.

Girod

Die beiden Wappenfelder Rot und Gold stehen für die Ortsteile Girod und Kleinholbach. Die Wappenfarben Rot und Silber für Kurtrier rechts sowie Blau und Gold für das Herzogtum Nassau links symbolisieren die ehemaligen Landesherren. Die Attribute der Schutzheiligen der Kirchen von Girod (St. Jakobus) und Kleinholbach (St. Peter und Paul) sind als gekreuzte Schlüssel und Schwert für St. Peter und Paul und der Muschel für St. Jakobus dargestellt und stehen damit auch symbolisch für beide Ortsteile. Der Wellenbalken steht für den durch beide Ortsteile fließenden Eisenbach. Fünf noch bekannte Wassermühlen an dessen Ufern repräsentiert das fünfspeichige Mühlrad. Das herzförmige Blatt einer Rodehacke symbolisiert den auf eine Rodung hindeutenden Ortsnamen Girod. Die drei Stufen beschreiben redend den „stufenförmigen" Tontagebau, des „weißen Westerwaldgoldes", im Ort. Das Mühlenrad steht als Symbol für die fünf am Eisenbach gelegenen Mühlen: Dollmühle (Nr. 9), Schultheißenmühe (Nr. 12), Struthmühle (Nr. 13), Freimühle (Nr. 14) und Michelmühle (Nr. 15). Diese Zahl zeigt auch, dass die Ettersmühle (Nr. 10) und die Ölmühle (Nr. 11) als unbekannte Wüstungen in Vergessenheit geraten sind.

Oberelbert

Die Elchschaufeln deuten auf den alten Namen des Dorfes hin, der besagt, dass der Jäger hier auf den Elch wartete. Mit dem Mühlrad wird auf die seit über 300 Jahren bestehende Mühle hingewiesen und mit dem Dachreiter auf die nach dem Brand 1811 in den Jahren 1830/32 erbaute Kirche. Das silberne Band des Stelzenbaches teilt das Wappen. Die Farben Blau und Gold (statt Orange) oben links sind die nassauischen Wappenfarben. Sie symbolisieren im Dorfwappen die Zugehörigkeit zum Herzogtum Nassau, während die Farben Rot und Silber unten rechts dem Wappen der ehemaligen Landesherren, der Kurfürsten von Trier (rotes Kreuz auf silbernem Grund) entlehnt sind. Das Mühlrad ist das Symbol für die am Stelzenbach gelegene Erbenmühle (Nr. 34).

ES LIEST SICH WIE EINE STATISTIK

Mühlen in der Stadt Montabaur gab es in verschiedenen Ausprägungen: zum Mahlen, Mischen, Pressen, Schneiden, Schleifen und Walken. Dementsprechend waren alle gängigen Mühlenarten in oder am Rande der Stadt vertreten – bis auf zwei: Knochen- und Pulvermühlen. Die Verbandsgemeinde (ohne die Stadt) konnte nur mit Getreide-, Öl- und Schneidmühlen aufwarten.
Hauptantriebskraft der Mühlwerke war das fließende Wasser, nur an einer Stelle der Wind und vereinzelt der Dampf. Ab den frühen 1930er Jahren trugen Benzol- und Elektromotoren als Ergänzung zum Wasserantrieb zur Ingangsetzung der Mühlentechnik bei. Ungewiss ist, ob die Pfeffer- und Kartoffelmühle in Montabaur s. Nr. 44 zu 1 u. 2) als Hand- oder Tiermühlen funktionierten.

Jahr	Anzahl	Stadt	Erbenmühlen
1776	35	6	4
1809	35	6	5
1854	42	7	7
1875	40	8	6
1970	7	0	2
1990	1	0	2
1994	0	0	0

Da in Boden und Eschelbach bereits im zweiten Jahrzehnt des 13. Jahrhunderts Mühlen nachgewiesen werden konnten, ist die Annahme berechtigt, dass die Allmannshauser Mühle auch vor ihrer bekannten Existenz 1272 schon seit Jahrzehnten bestanden hat. Ungewissheit herrscht auch, wann letztmalig in der Stadt ein Mühlenwerk sillgelegt wurde. War es das der Hüttenmühle Eschelbach um 1960? In der Verbandsgemeinde wurde am 31. Dezember 1993 in der Schlatmühle Heiligenrot der letzte Weizen aufgeschüttet und gemahlen. Als einigermaßen verlässliche Angaben über den Mühlenbestand in der Stadt und der Verbandsgemeinde können die Zahlen der letzten 250 Jahre gelten, wobei es sehr ungewiss ist, ob auch die ganz kleinen Mühlen, z. B. die Lohmühlen, erfasst worden sind.

ERBENMÜHLEN – KEINE AUSNAHMEERSCHEINUNG, ABER DOCH EINE BESONDERHEIT IN DER VERBANDSGEMEINDE MONTABAUR

Erben- oder Gesellschaftsmühlen bestanden auch außerhalb der Verbandsgemeinde (VG) Montabaur, jedoch nirgends im Westerwald in einer solchen Ansammlung.

Erbenmühlen – was unterscheidet sie von anderen Mühlen?

Damian Linz, der Verwalter des kurfürstlichen Amtes Montabaur, erwähnt in seiner 1786 verfassten Beschreibung des Amtes auch die Erbenmühlen, die er so charakterisiert:

Erbenmühlen sind Mühlen, die von mehreren zum eigenen Gebrauch erbaut werden und nur nach Bedarf nach einer Einteilung benutzt werden. [.....] Jede Mühle hat einen Müllermeister [eher wohl Mühlenmeister], der die Bauaufsicht überwacht. Diese Erklärung muss ergänzt werden durch die mancherorts praktizierte Anstellung eines Mahlknechtes (Müllerknechtes), der in der Mühle wohnte und im Auftrag der Erbenmühlenteilhaber das Mahlgeschäft besorgte.

Die Etablierung einer Erbenmühle konnte auf zweierlei Art erfolgen:

1. Durch einen von den Gesellschaftern veranlassten und finanzierten Neubau (z. B. Heilberscheid, Niederelbert) oder

2. durch die Umwandlung einer bestehenden Privateigentumsmühle in eine Gesellschafts- (Erben-) Mühle (z. B. Holler, Niedererbach). Für den Betrieb einer solchen Mühle mussten zwei Voraussetzungen erfüllt sein, nämlich eine Konzession durch den Landesherrn sowie die erfolgte Gründung einer zweckgebundenen Gesellschaft.

Gesellschafter – nur Einheimische oder auch Auswärtige?

Ob an einer Erbenmühle eines Dorfes nur die dort lebenden Bauern Teilhaber werden konnten, Fremde jedoch nicht, diese Frage erfuhr zu verschiedenen Zeiten unterschiedliche Antworten. Nach der Genehmigungsurkunde für die Erbenmühle in Heilberscheid von 1801 mussten sämtliche Erben oder Teilhaber [.....] in dem nämlichen Ort, wozu die Erbenmühle gehört, wohnen [.....]. Hingegen stand die unterschiedliche Herkunft der 40 „Consorten" bei der 1817 in Oberelbert aus einer Ölmühle hervorgegangenen Erbenmühle zur Konzessionserteilung nicht im Wege. Deren Wohnort fand sogar Berücksichtigung im Text der Genehmigung: Dem Gesuche des Christian Schönberger und vierzig Consorten von Oberelbert, Untershausen, Stahlhofen und Daubach [.....] wird erlaubt, die Ölmühle in eine Mahlmühle umzuwandeln. Lediglich die Einschränkung, dass nur das eigene Getreide gemahlen werden dürfe, fand in der Urkunde Berücksichtigung.

Bei der Kleinerbenmühle in Niedererbach kommen mehr als die Hälfte der Teilhaber nicht aus Niedererbach, sondern aus den benachbarten Dörfern Görgeshausen, Hundsangen, Malmeneich und Obererbach.
Außer der Möglichkeit, sich von dem vielerorts bestehenden Mühlenbann, der aufgezwungenen Verpflichtung, nur eine ganz bestimmte Mühle aufsuchen zu dürfen, zu befreien, bedeutet die Teilnahme an einer Erbenmühlengesellschaft für viele Dorfbewohner eine Mehrung ihres Ansehens. Das geht jedenfalls aus einer Erklärung von 1844 des Müllers Jakob Doll von der Druckmühle in (Girod-) Kleinholbach hervor, wenn er angibt: Die bemittelten Bürger der umliegenden Orte besäßen eigene s. g. Erbenmühlen, die alle von Mühlenknechten betrieben würden. Der Wallmeroder Rezeptur- (Finanz-) Beamte hat sich schon 1820 in ähnlicher Weise geäußert, indem er anmerkt: Jeder nur halbwegs bemittelte Landbewohner ist bemüht, sich an einer Erbenmühle zu beteiligen. Solange die Anzahl der Mitglieder einer Erbenmühlegesellschaft in einem überschaubaren Rahmen von etwa 40 bis 50 verharrt, kann auch die Zeit der Mühlennutzung durch Zuweisung von einem ganzen oder halben Mühlentag innerhalb eines Monats zu keinen Engpässen führen. Übersteigt sie die angegebene Größe, müssen die jedem Teilhaber gewährten Tage auf etwa zwei oder drei Monate verteilt werden.
Über dem Mühlenmeister steht die Versammlung aller Gesellschafter; die der Schultheißenmühle treffen sich am letzten Tag des Jahres um 13.00 Uhr in Girod in einer Gaststätte (in Oberelbert am ersten Sonntag des Jahres). Bei Nichterscheinen ist eine Strafe von 20 Kreuzern in die Mühlenkasse zu zahlen. Basis für die von Jahr zu Jahr wechselnde Belastung der Mühlenmitglieder ist das Betriebsergebnis. Sie bestätigen in der Regel den vom Mühlenmeister vorgeschlagenen Mühlenknecht, der auch in der Mühle wohnt. Dessen Vertrag, der seine Rechte, Pflichten und Einnahmen regelt, wird jährlich erneuert. Auf der „Hauptversammlung" wird eine Runde Alkohol auf die Mühlenkasse spendiert. Bei der bleibt es wohl nicht, wie die Dorfbewohner bei der Heimkehr der Versammlungsteilnehmer beobachten können: „Dä kimmt vom Milledach!"
Neben der Einladung zur Gesellschafterversammlung, dem Vertragsabschluss mit dem Mühlenknecht und dessen Überwachung, obliegt dem Mühlenmeister die Führung des Mühlenbuches. Das Buch von Niedererbach beinhaltet u. a. eine Niederschrift des Vertrages mit dem Mühlenknecht und eine jährliche Aufstellung der Einnahmen und Ausgaben von 1850, dem Jahr der Gründung der Mühlengesellschaft, bis zu deren Auflösung im Jahre 1939.
Durch Teilung eines Anteils unter die Erben (Kinder und Enkel) entstehen spätestens nach zwei Generationen Teilnehmergesellschaften im Hunderterbereich, mit der Folge, dass bei Veräußerung einer Mühle umfangreiche Nachforschungen nach den häufig fernab wohnenden Erben notwendig werden,

manchmal sogar unmöglich sind oder zu Prozessen führen. Augenfällig lässt sich das an der Erbenmühle zu Arzbach (VG Bad Ems) nachweisen, die 1858 durch Umwidmung der dortigen Getreidemühle entstanden war. Wegen rückständiger Steuern klagt die Gemeinde 1888 gegen sämtliche 91 Teilhaber der dortigen Erbenmühle. Der Betrag an ausstehenden Steuern beläuft sich auf 92,58 Mark. Beklagte sind Mitglieder (Erben) der Mühlengesellschaft auf Zahlung von Beträgen zu 1 268/840 Pfennige bis zu 308 18/30 Pfennig. Unter den Beklagten sind auch bereits Verstorbene und nach Amerika Ausgewanderte. Die Unmöglichkeit, alle diese Minibeträge einzutreiben, führt schließlich zur Zwangsversteigerung der Immobilie der Mühlengesellschaft. Bei mehreren anderen Objekten gibt es ebenfalls schier unlösbare Probleme wegen der Anzahl an Teilhabern, die am Beispiel Oberelbert der dortige Bürgermeister 1967 auf 500 schätzt. Stefan Weyand schildert in seinen Ausführungen zum Verkauf der Schultheißenmühle in Girod: Aufgabe war es, die Anteileigner oder ihre Erben ausfindig zu machen und die Erbscheine zu besorgen. [……..] Die Suche nach den Erben führte sogar nach Amerika. Die Gesamtzahl der Anteile belief sich auf 5040. Die Verkaufssumme wurde durch die Anzahl der Anteile geteilt und ergab ca. 3 DM. So erhielt ein Anteilseigner z. B. mit einem ½ Acht-Wochen-Mühlentag nach Bruchteilen (40/5040) ca. 134 DM. Der Verkauf erfolgte am 11. Juli 1975.

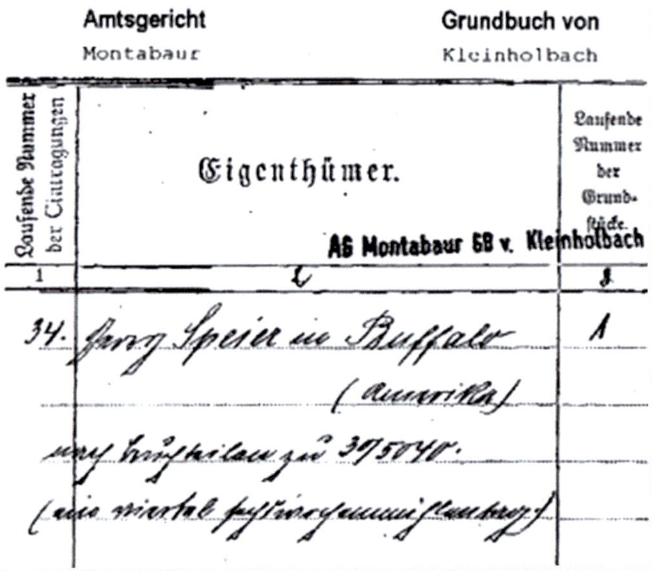

Amtsgericht Montabaur — Grundbuch von Kleinholbach

Laufende Nummer der Eintragungen	Eigenthümer.	Laufende Nummer der Grundstücke.
1	2	3
34.	Georg Speier in Buffalo (Amerika) mit Bruchteilen zu 39/5040. (ein viertel Achtwochenmühlentag)	1

AG Montabaur 68 v. Kleinholbach

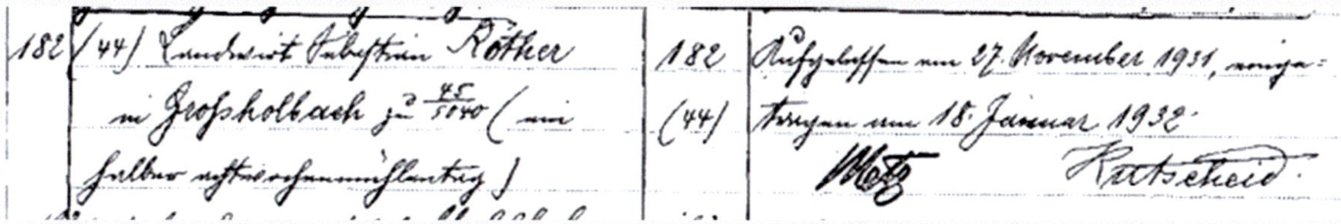
182 (44) Landwirt Sebastian Röther in Großholbach zu 45/5040 (ein halber Achtwochenmühlentag)

182 (44) Aufgelassen am 27. November 1931, eingetragen am 18. Januar 1932. Metz Kutscheid

Ähnlich verhielt es sich bei der Michelmühle in Girod-Kleinholbach. Der Grundbuchauszug für das 975 qm große Grundstück mit den Resten der Mühle hat einen Umfang von ca. 70 Seiten. Im Jahre 1980 waren 61 Bruchteileigentümer eingetragen, u. a. „Georg Speier in Buffalo (Amerika)". Auch im Falle der Michelmühle beträgt die Zahl der Anteile 5040, z. B. 45/5040 (ein halber Acht-Wochen-Mühlentag) oder auch „zu 1107/5040 Anteilen". Wegen der dargestellten Probleme bei der Erbenermittlung und des damit verbundenen, unverhältnismäßigen Aufwandes wurde auf eine Auseinandersetzung im Rahmen der Flurbereinigung verzichtet und das Grundstück mit der verfallenen Mühle wieder den Alteigentümern zugewiesen, denen bzw. den Erben es heute noch gehört.

Die Kleinerbenmühle in Niedererbach verzeichnet 78 Gesellschafter. Das Teilhaberverzechnis erwähnt an letzter Stelle den Christian Egenolf II. mit einem ganzen „Sechswochenmühlentag" und einem Anteil von 120/5040. Wie sich die Anteile schon nach einer Generation vervielfachen bzw. die Bruchteile geringer werden, zeigt das nachfolgende Beispiel: Angenommen, dass eine Mühlengesellschaft von vier Gesellschaftern (A, B, C, D) gegründet wird, dann verteilen sich die Anteile auf ihre Erben:

Gesellschafter	A	B	C	D
Anteile	1/4	1/4	1/4	1/4
Erben	3	2	1	4
jeder Erbe erhält	1/4 : 3	1/4 : 2	1/4 : 1	1/4 : 4
das ergibt	1/12 1/12 1/12	1/8 1/8	1/4	1/16 1/16 1/16 1/16
n. d. gem. Nenner	4/48 4/48 4/48	6/48 6/48	12/48	3/48 3/48 3/48 3/48
in der Summe 48	4 + 4 + 4	+ 6 + 6	+ 12	+ 3 + 3 + 3 + 3

Anzahl und Standorte

In welchen Gemeinden sich Mühlen im Besitz einer Gesellschaft befanden, geht aus der folgenden Tabelle hervor. Sie vermerkt auch das Jahr ihrer Entstehung. Dabei fallen die drei Jahreszahlen für die Eschelbacher Gemeindemühle besonders auf. Sie belegen, dass am dortigen Standort, an der gleichen Stelle, zu drei verschiedenen Zeiten mit dem Betrieb einer Erbenmühle begonnen worden war.

Gemeinde	Mühlenname	Entstehungsjahr
Elgendorf	Gesellschaftsmühle	1847
Eschelbach	Gemeindemühle	1663?/1710/1847
Görgeshausen	Görgeshäusermühle	1854
Girod	Schultheißenmühle	vor 1809
Girod	Struthmühle	vor 1786
Girod-Kleinholbach	Michelmühle	1662
Heilberscheid	Erbenmühle	1801
Heiligenroth	Gemeindemühle	1656
Heiligenroth	Hermolder Mühle	1849
Holler	Obermühle	1548
Holler	Untermühle	1838
Kadenbach	Kleinmühle	1856
Niederelbert	Erbenmühle	1818
Niedererbach	Kleinmühle	1850
Oberelbert	Erbenmühle	1817

Von den 15 nachweisbaren Erbenmühlen entstanden allein zehn im 19. Jahrhundert.
Erstmalig kann für 1548 eine Erbenmühle in der VG nachgewiesen werden (Obermühle Holler). Noch früher wird ein Nachweis nur schwerlich gelingen. Eine Dissertation über Erbenmühlen im Hunsrück, wo sie sehr viel zahlreicher vertreten waren als im Westerwald, erwähnt für die dortige „Bauernmühle" als Entstehungszeit wahrscheinlich nicht vor 1550. Am deutlichsten kommt die Präferenz zum Betrieb von Erbenmühlen in der VG Montabaur in einem Vergleich mit benachbarten Verbands- bzw. Großgemeinden zum Ausdruck.

VG/GG	Anzahl	Orte
Montabaur	15	s. vorhergehende Tabelle
Höhr-Grenzhausen	0	
Wirges	5	Leuterod, Helferskirchen, Staudt
Wallmerod	2	Obererbach, Steinefrenz (?)
Elz	0	
Diez	2	Langenscheid, Ruppach
Nassau	0	
Bad Ems	1	Arzbach
Koblenz	0	
Vallendar	0	

Demnach existierten in den neun benachbarten Verbands- (VG) bzw. Großgemeinden (GG) nur 10 Erbenmühlen gegenüber 15 in der Verbandsgemeinde Montabaur. Der Gedanke an „Nachahmung" war den Gemeinden rings um Montabaur wohl nicht fremd, wobei zu berücksichtigen ist, dass einigen dieser Mühlen nur für kurze Zeit der Status „Erbenmühle" zugesprochen werden kann (z. B. den drei Mühlen in Helferskirchen).

Bei den Bauern beliebt, bei Privatmüllern verachtet

Die rasche Folge der Etablierung von Erbenmühlen im 19. Jahrhundert zeugt von deren Beliebtheit bei der Bevölkerung am Mühlenstandort. Dass sich auch Bauern aus Nachbarorten einer Gesellschaft anschlossen, kann als weiterer Beweis ihrer Atrraktivität gelten, trotz, ja trotz der Schmähungen, üblen Nachreden, Protesten und Beschwerden durch Eigentumsmüller im Ort selbst oder in der Nachbarschaft. Schlechtes Mehl, fehlende Fachkenntnis, Kundendiebstahl, Wasserräuber, Neidjünger, solche Unterstellungen trugen eher zum Fortbestand der Erbenmühlen bei, als dass sie deren baldiges Ende zu befördern vermochten. Auch die häufigen Ermahnungen staatlicher Stellen an die Adresse der Erbenmühlenbesitzer, nur ihr eigenes Getreide zu vermahlen, wurden umgangen, denn welcher Teilhaber einer Erbenmühle vermochte den Bitten seines Schwagers, Nachbarn oder Freundes zu widerstehen, wenn es darum ging, einen Sack Getreide mit zur Mühle zu nehmen und zu Schrot und Mehl zu verarbeiten?

Etwas länger als 420 Jahre konnten sich die Erbenmühlen behaupten (Obermühle Holler 1972, Michelmühle Kleinholbach 1970, Schultheißenmühle Girod 1971). Ihre Standorte sind z. T. auch heute noch mit Gebäuden besetzt, und zwar als Wohnhaus (Eschelbach, Girod) oder Wochenendhaus (Oberelbert). Manch anderes Mühlenhaus ist verkümmert (Struthmühle Girod) oder verfallen (Erbenmühle Niederelbert). Ein Übriges verursachte der „Zahn der Zeit" (Gesellschaftsmühle Elgendorf) oder „der rote Hahn" (Michelmühle Girod-Kleinholbach, Foto 1992). Nicht als Erben-, sondern in ihrer Funktion als private Getreidemühle überlebte bis 1973 die ehemalige Erbenmühle Heilberscheid in Heiligenroth (Schlatmühle). Die Hermoldermühle in Heiligenroth verfiel und wurde 1982 abgerissen, die Erbenmühlengesellschaft ist bis heute nicht aufgelöst.

VON KLEINMÜHLEN, TROCKENMÜHLEN UND KLAPPERMÜHLEN

– INSBESONDERE VON DENEN ZU NIEDERERBACH UND HEILBERSCHEID

In der Müllersprache, aber auch in der von Mühlenkunden, stand die Leistungsfähigkeit von Wassertriebwerken zur Getreidevermahlung nicht hoch im Kurs, wenn ihnen Bezeichnungen wie Kleinmühle, Trockenmühle oder Klappermühle anklebten oder sie sogar in den Akten unter solchen Namen verzeichnet waren.

Für prosperierende Mühlenbetriebe, also solchen, die „gut gehen“, die dem Betreiber einen zufriedenstellenden Verdienst eintrugen, kamen abwertende Benennungen für das Gewerbeunternehmen gar nicht auf. Umso deutlicher mussten sich diejenigen Mühleninteressenten, die „am falschen Ort“ oder „am falschen Gewässer“, womöglich gar „vom falschen Planer“ beraten, eine Mahlstätte erbaut hatten, spöttische Bemerkungen gefallen lassen und gewärtigen, dass ihrer Mühle Eigenschaften und Namen beigelegt wurden, die wenig schmeichelhaft waren.

Im Westerwald – und vermutlich auch anderswo – hing einer „Klein“-Mühle der Mangel an, wenig Leistung erbringen zu können. „Klein“ stand in diesem Fall nicht für ein kleines Gebäude, was ja auch dadurch ausgedrückt werden kann, sondern für eine Mühle, die nur einen kleinen Verdienst erwirtschaftet oder gar am Existenzminimum arbeitet. Dies konnte der Fall sein, wenn das Unternehmen nur über eine sehr eingeschränkte Mühlentechnik verfügte, z.B. schlechte Mühlsteine oder ungenügende Anlagen zur Reinigung/Sortierung der Getreidearten. Viel häufiger bewirkte jedoch eine sehr ungenügende Energiezufuhr in Form des mangelnden Wasserzuflusses eine unbefriedigende Ausnutzung der Mahltechnik. Dabei waren nicht allein die von der Jahreszeit abhängigen Wasserstände maßgebend, sondern permanent geringe Zuflüsse an kleinen Bächen oder am Oberlauf solcher Gewässer.

Die von den früheren Landesherrn, den Kurfürsten von Trier oder später den Herzögen von Nassau, geforderten Energieabgaben in Form einer Wasserpacht (Wasserlaufgebühr) zwangen die Mühlenbetreiber „in ihrer Not“, d. h. wenn häufig nur wenig Getreide gemahlen werden konnte, zu Gesuchen um Minderung oder Stornierung der entsprechenden Gebühr für bestimmte Zeiten (ein oder mehrere Jahre). Eingaben solcher Art an die Staatsbehörden vermitteln einen Eindruck über regelrechte Notsituationen in den Müllerfamilien. Kamen dann noch unvorhergesehene (technische) Probleme hinzu, wie etwa zerbrochene Mühlsteine oder Reparaturen am Wasserrad, Brandschäden, mitunter auch Verlust an Trag- oder Transporttieren (Pferd und Esel), konnte dies zu weiteren Benachteiligungen führen. Unter solchen Umständen waren Konkurs und Zwangsversteigerung die Folge.

Das auf Kleinmühlen zutreffende beschwerte in ähnlicher Weise oder noch ausgeprägter einen Mühlenbetrieb, dem der Name „Trockenmühle“ anklebte. Häufiger Besitzerwechsel infolge gerichtlicher Zwangsmaßnahmen belegen, wie unwirtschaftlich eine solche Mühle funktionierte.

Nicht ganz so gravierend standen „Klappermühlen“ im Ruf, unrentabel zu arbeiten. Während die Bezeichnungen Klein- und Trockenmühle in Mühlenakten verzeichnet sind, ist die abwertende Benennung einer Mühle als Klappermühle nicht in Anlehnung des fröhlich-heiteren Liedtextes „Es klappert die Mühle am rauschenden Bach“ zu verstehen, sondern vielmehr umgangssprachlich gebraucht worden. Eine Mühle klappert (im negativen Sinne), wenn die technische Einrichtung mehr als die üblichen Geräusche erzeugt. Das wurde so gedeutet, dass die Dauer des Mahlvorganges „gestreckt“ werden musste und die Ausbeute der Getreidevermahlung zu wünschen übrig ließ. Immerhin hat eine „Klappermühle“ Eingang in die volkstümliche Literatur gefunden. In dem Schauspiel des Dichterpfarrers Wilhelm Reuter (1888–1848) „Die Harebouwe“ spielt die erste Szene im dritten Akt in einer Klappermühle, deren fiktive Lokalisation in der Umgebung von Montabaur zu suchen ist.

Wie der Begriff „Kleinmühle“ eine Verniedlichung erfahren hat, lässt sich am Beispiel Kadenbach erkennen. Die dortige Mühle am Ortsausgang, 1856 als Gesellschaftsmühle von 39 Teilhabern erbaut, ist in der topographischen Karte von 1902 als Erbenmühle eingetragen. In der Ausgabe von 1953 heißt sie Kleinmühle und in der Umgangssprache der Ortsbewohner „Dat Mühlche“, in dem bis zu seiner Stilllegung um 1900 lediglich ein angestellter Müllergeselle wohnte und müllerte (Nr. 27).

Anders liegen die Verhältnisse in Niedererbach. Die beiden Mühlen im Ort (Trocken- und Kleinmühle, Nr. 30 u. 31) und die grenznahe, erbachabwärts in der Gemarkung Elz liegende Jägermühle, waren durch Wassermangel stark in ihrer Arbeitsweise beeinträchtigt und behindert. Die 1729 am Obererbacher Weg erbaute Mahlmühle wurde bereits 1843 offiziell als Kleinmühle in den Amtsakten geführt. Nach mehrfachem Besitzerwechsel konnte sie sich im Verlaufe eines Konkursverfahrens 1852 nur dadurch retten, dass eine just unter dem Vorsitz von Bürgermeister Heinrich Bender gebildete Mühlengesellschaft 1854 das Anwesen als Erbenmühle übernahm.

Die zweite Niedererbacher Mühle, deren geringer Energiezufluss aus dem Sandbach ihr schon bald nach 1800 den wenig schmeichelhaften Namen „Trockenmühle“ eintrug, hatte vermutlich bereits vor ihrer Transferierung von Görgeshausen nach Niedererbach (im letzten Drittel des 17. Jahrhunderts) am ursprünglichen Standort „Existenzprobleme“. Ihr neuer Wirkungsort, an dem Zulauf zum Erbach (Sandbach), verhalf ihren Besitzern auch nicht zu Wohlstand. Vieles, was einer Mühle zustoßen kann, musste sie erleben: „Windbruch“ und Stillstand wegen Baufälligkeit, große Trockenheit mit einhergehender Wasserarmut, Konkurse der Betreiber, Brandunglück und vor allem ein so schlechter Leumund, dass selbst ihre Besitzer von der schlechtesten Mühle im Umkreis sprachen. In vielen Bittgesuchen baten sie um Ermäßigung der Wasserpacht und argwöhnten, der Mühlenname verrate zu Recht, eine Mühle zu sein, die ihren Betreibern nur „Defizit“ eintrage. Deutlich wurde dieser Zustand durch den häufigen Wechsel der Eigentümer, den einer der Müller 1837 mit 30 in 50 Jahren angab. Trotz aller Widrigkeiten besteht das Gebäude auch heute noch als Wohnhaus.

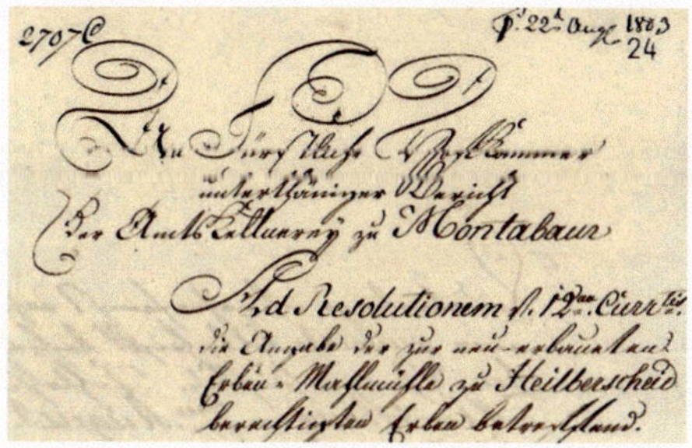
2707
P. 22. Aug. 1803
24
Zur Fürstlichen Hofkammer
unterthäniger Bericht
der Amtskellnerey zu Montabaur
Ad Resolutionem v. 12. Curr.
die Angabe der zur neu-erbauten
Erben-Mahlmühle zu Heilberscheid
berechtigten Erben betreffend.

Von allen Mühlen, die unter Wasserarmut, -mangel oder -not litten, ragt eine heraus, ohne dass ihr deshalb ein negatives Image in der Namensgebung anhaftete. Es handelt sich um die 1801 konzessionierte Erbenmühle in der Heilberscheider Gemarkung (Nr. 18). Warum diese neu erbaute und eingerichtete Mahlmühle nur etwa 10 Jahre und zwar schlecht „ging“, ist kein Geheimnis. Als Standort war eine Wiese am Eisenbach geplant und genehmigt. Von einem „Werksachverständigen“ beeinflusst, entschieden sich die 40 Teilhaber jedoch für eine Stelle an einem „Brunnenfloß“, d. h. an dem aus einem Brunnen (Quelle) abfließenden Rinnsal.

Sehr bald nach der In-Gang-Setzung erwies sich der Wasserzufluss für einen kontinuierlichen Mahlbetrieb, trotz Bevorratung in einer „Klause“ (Sammelteich), als völlig unzureichend. Nach kaum 10 Jahren und einem mehrjährigen Schriftwechsel mit der „Amtskellnerey zu Montabaur“ überwog die Einsicht zur Stilllegung gegenüber allen anderen Meinungen und Ratschlägen. In Heiligenroth konnte sie nach ihrer Transferierung bis 1993 als letzte voll funktionsfähige und im Einsatz befindliche Getreidemühle (Nr. 22) in der Verbandsgemeinde ihren Betreiber gut ernähren.

WANDERNDE MÜLLER – WANDERNDE MÜHLEN

Müller auf der Walz

Wandernden Handwerksburschen kann man nur noch selten begegnen. Allenfalls Zimmermannsgesellen fallen gelegentlich noch im Straßenbild durch ihre schwarze Kleidung und den eigenartigen Rucksack, das Felleisen, auf.

Einst war es Pflicht eines jeden Gesellen, zwei bis drei Jahre zu wandern, um auf diese Weise bei fremden Meistern Erfahrungen zu sammeln. Müllerburschen mussten durch die Arbeit in mehreren Mühlen den Nachweis erbringen, dass sie „gewandert" waren. Diejenigen, die dem Zunftmeister ein Wanderbuch nicht vorlegen konnten, galten als ungewandert im Sinne von unerfahren. Gewiss sahen manche wandernde Müllergesellen die Walz auch als eine Möglichkeit, der „schönen Müllerin" zu begegnen, sei es eines Müllers Tochter als einer zukünftigen Mühlenerbin, sei es des Müllers Witwe, die bestrebt sein musste, bald wieder einen tüchtigen Ersatz für ihren verstorbenen Mann in die Mühle zu holen. Endogene Heiraten, also Eheschließungen innerhalb von Mühlenbetreibern sind ein Spielfeld der Familienforscher. Auch in der VG Montabaur lassen sich solche Ehen mehrfach nachweisen, so wie es die häufig bei Müllern vorkommenden Familiennamen, z. B. Kurtenacker, Sabel oder gar Müller belegen.

Wandernde Mühlen

Mühlen auf Wanderschaft, etwas gescheiter ausgedrückt: Mühlentransfer.

Im Bereich der Verbandsgemeinde Montabaur gab es fünf Mühlen, die von einem Standort zu einem anderen wanderten, d.h. verlegt waren, und zwar die

1. Thiell-Josten-Mühle Görgeshausen nach Niedererbach (Trockenmühle), Nr. 17, Nr. 31,
2. Ölmühle Wirzenborn nach Bladernheim (Ölmühle), Nr. 56, Nr. 46,
3. Ölmühle Girod nach Staudt (Ölmühle, Farbmühle), Nr. 11,
4. Kadenbacher Mühle nach Hillscheid (Hüttenmühle), Nr. 26,
5. Erbenmühle Heilberscheid nach Heiligenroth (Schlatmühle), Nr. 18, Nr. 22.

Zu 1) Die älteste bekannte Verlegung einer Mühle führt uns nach Görgeshausen. Dort bestehen 1564 zwei Getreidemühlen im Besitz von Peter Heimann und Thiell (Dietrich) Josten. Ihre Vor- und Familiennamen werden bereits im 16. Jahrhundert zu Mühlennamen: Peter Heimannsmühle bzw. Thiell Jostenmühle. Auf Letztere wenden wir unser Augenmerk. Diese Mühle ist im 16. und 17. Jahrhundert mehrfach in ihrer Funktion beeinträchtigt und in ihrer Bausubstanz geschädigt. Nach einer Kriegszerstörung kann sie ab 1663 wieder ihrer Bestimmung wieder gerecht werden, vermutlich aber nur eingeschränkt. Eventuell schon 1670, mit Sicherheit seit 1700 wird ihr Standort mit Niedererbach angegeben. Über den Grund ihrer Verlegung kann nur spekuliert werden, da der Mühlenplatz nicht bekannt ist und folglich auch eine Antwort auf die Frage, ob ein unzureichender Wasserzufluss den Transfer veranlasst hat. In Niedererbach führt eben dieser Umstand am Sandbach, einem Zufluss zum Erbach, zu dem ihr im 19. Jahrhundert anklebenden Schmähnamen „Trockenmühle".

Zu 2) Ein weiterer Mühlentransfer erfolgt von Wirzenborn nach Bladernheim. In Wirzenborn existiert bis ins 4. Jahrzehnt des 17. Jahrhunderts zusätzlich zu der dortigen Mahlmühle eine Ölmühle. Beide werden während des Krieges 1618-1648 durch Verwüstungen „ungangbar". Dadurch entgehen der kurfürstlichen Kellerei in Montabaur auch die Einnahmen der Wasserpacht. Als Getreidemühle kann die Wirzenborner ab 1653 wieder zu den Wasserlaufeinnahmen der Kellerei beitragen. Ein Wiederaufbau der Ölmühle beziehungsweise die Herstellung der entsprechenden technischen Einrichtung ist vermutlich nicht erfolgt. Stattdessen wird bei der Mahlmühle in Bladernheim eine Ölmühle in Gang gesetzt. Wann das genau geschehen ist, vermelden die Kellereieintragungen nicht. Was sie vermelden, ist die Verlagerung mit dem Hinweis „Ölmühle Wirzenborn modo Bladernheim". Der Zusatz „modo" d. h. nun, jetzt, bestätigt den Transfer, wobei offen bleibt, ob Gebäude (-teile) und Ölmühlentechnik nach Bladernheim geschafft worden sind, oder ob es sich lediglich um eine Übertragung der Konzession handelt. Spätestens seit 1680, vermutlich aber schon eher, kann in Bladernheim neben der Mahlmühle, und zwar in einer separaten baulichen Anlage aus Ölfrüchten Speise- und Brennöl hergestellt werden.

Zu 3) Auch für die dritte Mühlenwanderung von Girod nach Staudt lassen sich keine Gründe ermitteln. Im Ort befindet sich 1525 eine Getreidemühle, Druckmühle genannt. Sie ist um 1650 ruinös. Bei ihrem Wiederaufbau 1653 wird ihr eine Ölmühle zugesellt. Diese Ölmühle besitzt 1681 Christen (Christian) Thiellen, der in Staudt wohnt. Am 17. Dezember 1681 beantragt er bei der kurfürstlichen Hofkammer (Finanzverwaltung) die Verlegung dieser Mühle nach seinem Wohnort. Die Genehmigung dazu wird ihm bereits nach fünf Tagen erteilt. An ihrem neuen Standort erlebt die Ölmühle 1884 eine Funktionsänderung. Die Gebrüder Bahl richten darin eine Wirkstätte zur Herstellung künstlicher blauer Farbe ein. Die Vermutung, dass die Transferierung der Ölmühle 1681 von Girod nach Staudt, wegen der Nähe zum Wohnort erfolgte, ist wohl nicht von der Hand zu weisen. Wassermangel scheidet aus, denn oberhalb der Druckmühle sind zu dieser Zeit noch sechs Mühlen in Betrieb.

Zu 4) Durch den Müller Johann Bender selbst ist bekannt, warum er seine in Kadenbach befindliche Mahlmühle an einen anderen Ort verlegen möchte. In seinem 1815 an die Generaldomänen-Direktion in Wiesbaden gerichteten Antrag, schreibt er, der Wasserzufluss sei so „unergiebig", dass er täglich nur sechs bis sieben Stunden mahlen könne. Der von ihm ins Auge gefasste neue Mühlenstandort ist die in Staatsbesitz befindliche alte Hütte in der Hillscheider Gemarkung. Dabei handelt es sich um die Industriebrache der ehemaligen kurfürstlichen Vallerauer Eisenschmelz- und Gusshütte am Kalterbach zwischen Neuhäusel und Hillscheid. Nachdem sein Gesuch positiv entschieden worden ist, schlägt er seine Kadenbacher Mühle an dem genannten Platz wieder auf. Als Hüttenmühle, lange in Verbindung mit einer Bäckerei und zeitweise auch mit einer (Sommer-) Wirtschaft, erfüllt sie bis in die 1980er Jahre ihre Funktion als Kundenmühle. Nach An- und Umbauten wird der Mühlenplatz als Hotel und Gaststätte genutzt.

Zu 5) Letztmalig geht eine (weniger gut) funktionierende Mahlmühle 1819 auf Wanderschaft. Anstatt am Eisenbach, 1803 von einer 40-köpfigen Erbenmühlengesellschaft an einem schwachen Auslauf einer Wiesenquelle in der Gemarkung Heilberscheid erbaut, lehrt erst die Erfahrung, dass der gewählte Standort völlig ungeeignet ist, eine Getreidemühle kontinuierlich betreiben zu können. Auf Vorschlag des Montabaurer Amtskellners (Finanzbeamten) Ostermann wird die Erbenmühle abgeschlagen, nach Heiligenroth transferiert und „Im Schlat" 1821, 20 Jahre nach der Konzessionserteilung, wieder errichtet. Als Schlatmühle überlebt sie alle Mühlenstilllegungsaktionen und kann bis 1993 als letzte Getreidemühle in der Verbandsgemeinde Montabaur existieren.

VOM ZAHN DER ZEIT, DEM ROTEN HAHN, DEM NASSEN TOD, DEM KALTEN STAHL, DEM ARM DES GESETZES UND VON TREUEN SEELEN

VON – MEIST UNERFREULICHEN – EREIGNISSEN IM BEREICH DER MÜHLEN

Daubach, Häusgesmühle, 1928 (Nr. 2)

Nach seinem Sohn Johann [Wolf] übernahm dessen Sohn Adam den Mühlenbetrieb. Die Entwicklung scheint in ruhigen Bahnen verlaufen zu sein, denn aus den Akten erfährt man in den folgenden Jahrzehnten kaum etwas über die Mühle.Bis dann in der Nacht vom 1. auf den 2. Juni 1928 ein Mahlwerk heißgelaufen war und die gesamte Mühle abbrannte. Adam Wolf und seine Familie retteten mit knapper Not ihr Leben. Nur die Scheune blieb stehen (H.-J. Hucke, Daubach im Wandel der Zeit, 1993, S. 383).

Gackenbach-Dies, Altmühle, 1903 (Nr. 6)

Am 31.Mai 1903 ertrank am Gelbachwehr der Dieser Altmühle der Bergmann Anton Maurer von Gackenbach (Kreisblatt des Unterwesterwaldkreises 65/1903).

Gackenbach-Dies, Altmühle, 1957 (Nr. 6)

Glück im Unglück hatte vor einigen Tagen [Mitte Mai 1957] ein 15-jähriges Mädchen in Dies. Von einem Motorradfahrer auf der Gelbachstraße angefahren, wurde es in den Mühlengraben neben der Straße geschleudert. Es erlitt Verletzungen und eine schwere Gehirnerschütterung. Nach einigen Tagen konnte es das Krankenhaus wieder verlassen, in das es mit seinem ebenfalls verletzten Vater eingeliefert worden war. Der Motorradfahrer gestand bei der polizeilichen Vernehmung, acht Glas Bier getrunken zu haben (Westerwälder Zeitung 129/1957).

Girod, Druckmühle (Dollmühle) 1903 (Nr. 9)

Am 24. November 1903 geriet der Müller Andreas Hoffmann „in das Werk seiner Mühle und wurde buchstäblich zerquetscht, so daß nur die entstellte Leiche hervorgezogen werden konnte. Wahrscheinlich ist er vom Kammrad erfaßt worden“ (Kreisbatt für den Unterwesterwaldkreis 141/1903. 1873 hatte Andreas Hoffmann von Steinefrenz die Mühle gekauft. Seine Frau Katharina geb. Doll stammte aus dieser Mühle.)

Girod, Schultheißenmühle oder Struthmühle, 1900 (Nr. 12, 13)

Girod, 5. Jan. In der Nacht vom 30. bis 31. Dezbr. wurden in einer hies. Gesellschaftsmühle sämtliche Mehlbeutel zerschnitten und anderes Mühleninventar zerstört. Versetzte dies unsere Bevölkerung schon in große Aufregung, so steigerte sich diese noch, als heute Morgen bekannt wurde, daß in der Nacht vom 4. – 5. Januar einem hiesigen Bürger die zum Trocknen aufgehängte Wäsche zerschnitten war. Allgemein hofft man, daß es den Behörden rasch gelingen möge, den oder die Täter zu fassen (Kreisbatt für den Unterwesterwaldkreis 3/1900).

Girod, Struthmühle, 1899 (Nr. 13)

Als der „Mahlknecht" Josef Müller am 14.11.1899 am Kammrad der Struthmühle eine Schraube befestigen wollte, wurde ihm der linke Unterarm zerquetscht., so dass dieser amputiert weren musste. Der Gehilfe hatte die Mühle „stillgestellt", trotzdem setzte sie sich zufällig von selbst wieder in Bewegung und verursachte den Unfall (Kreisblatt für den Unterwesterwaldkreis 94/1899).

Girod-Kleinholbach, Michelmühle, 1850 (Nr. 15)

In der Nacht vom 1./2. August d.J. wurden mittelst Einbruch und Einsteigens in die Michelsmühle, Gemarkung Kleinholbach, folgende Gegenstände entwendet:

A. 10 Stück Leinwand und zwar:

1. 2 Stück Gebild, jedes zu etwa 27 Ellen aus Hänfen-Kern
2. 2 Stück von Hänfen-Werg à etwa 25 Ellen,
3. 2 Stück von Flächsen-Werg à etwa 27 Ellen
4. 1 Stück Flächsen-Tuch mit Baumwolleinschlag zu etwa 22 Ellen
5. 1 Stück desgleichen von etwa 24 Ellen
6. 1 Stück von Flächsen-Kern zu etwa 33 Ellen
7. 1 Stück aus Hodge zu etwa 24 Ellen

B 4 Hemden, alle oben links am Bruststück G.D.S. roth gezeichnet und zwar:

1. eins von Baumwollenzeug
2. eins von Flächsentuch mit Baumwolleinschlag
3. die beiden anderen von Wergentuch,

alle nicht mehr neu, aber noch brauchbar.

Alle Polizeibehörden werden ersucht, auf die gestohlenen Gegenstände Acht zu haben, und im Falle deren gefunden werden, solche mit Bezeichnung des Besitzers hierher einzusenden.
Wallmerod, den 4. August 1850
Herzogl. Nass. Justizamt
Isbert
(Kreisamtsblatt Nassau 62/1850).

Görgeshausen, Görgeshäuser Mühle, 2017 (Nr. 16)
… und wieder flog der „rote Hahn" aufs Dach.

Jüngster Anflug des roten Hahnes ereignete sich erst vor wenigen Wochen. Als Ort seines Wirkens hat er sich die einsam in einem Wald zwischen Görgeshausen und Hambach (VG Diez) gelegene Mühle ausgesucht. Am Karsamstag, den 14. April 2017, gerade als die Hausbewohner frühstückten, kündigten die Rauchmelder den ungebetenen „Gast" an. Im Dachgeschoss, wo er von den unteren Räumen nicht wahrzunehmen war, breitete er sich aus, zerstörte die Dachfenster, loderte und qualmte durch jede Öffnung.

Trotz der Lage des Gebäudes am Wasser, reichte der schwache Zufluss im kleinen Hambach nicht zu einer wirksamen Brandbekämppfung aus. Nur eine ins Dorf verlegte hunderte Meter lange Schlauchleitung schaffte genügend Löschwasser heran. Allein der Einsatz von über einem Dutzend Hilfseinrichtungen lassen erkennen, wie heftig und schnell sich das Feuer des Gebäudes ermächtigte und einen mehrere zehntausend Euro hohen Schaden anrichtete (Westerwälder Zeitung 90/2017).

Heiligenroth, Hermoldermühle, 1927 (Nr. 20)

Ein Separatistenprozeß – der keiner wurde, mit dieser Überschrift berichten die Neuwieder Zeitung und die Westerwälder Volkzeitung über eine Verhandlung des Schöffengerichtes Neuwied:

Der Angeklagte, Georg Schardt, ein echtes Westerwälder Bauernkind, hat vor dem Krieg sein Abitur gemacht, als Kriegsfreiwilliger sich eine schwere Kriegsbeschädigung zugezogen, hat nach dem Kriege Philologie studiert, will dann mehrere Jahre als Hilfslehrer an einem Gymnasium tätig gewesen sein, um dann Lehrkräften aus den abgetretenen Gebieten Platz machen zu müssen. Die Inflation habe ihm sein väterliches Vermögen genommen, sodaß er in einem kaufmännischen Beruf, zunächst bei seinem Schwiegervater in Diez, später selbstständig, habe übergehen müssen.

Mit schwiegerväterlichen Gelde habe er sich dann die bei Montabaur gelegene Hermoldermühle erworben und wieder aufgebaut, um sie zu einem Sommer-Ausflugsrestaurant mit Fremdenpension zu machen. Der Beginn des Baues ohne baupolizeiliche Genehmigung brachte ihm ein Strafmandat. Dann wurde ihm vom Kreisausschuß unter Verneinung der Bedürfnisfrage die Konzession verweigert. Als er trotzdem den Betrieb eröffnet, werden ihm von der Landjägerei die Waren bestimmungsgmäß beschlagnahmt. Später erhält er dann – wie er meint, wegen seiner Vorstellungen in Berlin, wie die Verhandlung ergibt, durch das Eintreten des Landjägermeisters beim neuen Landrat – die Konzession. Inzwischen ist jedoch seine Verbitterung gestiegen [... und er baut] aus Bösartigkeit, aus Phantastereien und falschen Kombinationen'– ein Gebäude auf, mit dem er, ein ‚armes, verfolgtes Kriegsopfer', den Kampf für Wahrheit und Recht führen will , um dann, als es zur Hauptverhandlung kommt, kläglich Schiffbruch zu leiden. ‚Wie ich erfahren habe – soviel bekannt ist', sind seine stehenden Redewendungen, mit denen er Behauptungen einleitet, die seine aufgebotenen Zeugen nachher nicht bestätigen können. So ist der Angeklagte ein Opfer seiner egozentrischen Einstellung geworden, dem seine

Rachsucht – nach außen durch das Mäntelchen des Kampfes für die Gerechtigkeit schön drapiert – den klaren Blick für die tatsächlichen Dinge verschleiert hat. [.......] ‚Mit den Besatzungsbehörden unter einer Decke stecken, der separatistischen Bewegung freundlich gegenüberstehen', glaubte er dem Montabaurer Landjägermeister Schlünz vorwerfen zu dürfen, der seinen dienstlichen Verkehr mit dem Kreisdelegierten zur Vermittelung von Passierstempeln, zur Verhütung von Ausweisungen und Festnahmen auswirken läßt und damit manchem Landsmann überaus wertvolle Dienste geleistet hat; der, vor die Wahl gestellt, den von deutscher Seite verhafteten separatistischen Landrat von Montabaur, Lurz (heute wegen Landesverrats zu 6 Jahren Zuchthaus eingesponnen und hierzu auf Veranlassung von Schlünz selbst später wieder festgenommen), an die Besatzung auszuliefern oder aber am gleichen Abend noch zehn prominente Montabaurer Bürger als Geiseln verhaftet zu sehen, sich selbst aber das Odium des Seoaratistenfreundes einbringt, als daß er zugibt, daß des Lurz wegen deutsche Bürger als Geiseln festgesetzt werden ...

Dem Oberlandjäger Knies wirft er Tierquälerei vor, weil dieser einen Hund während der Hundesperre niedergeschossen und dann, als er noch nicht tot war, mit Einverständnis der Eigentümer in Ermangelung weiterer Patronen mit dem Säbel bearbeitet hat, um ihn von seinen Qualen zu befreien;

Büro für Rechtsfragen
jeglicher Art, Inkassogeschäfte, Erledigung von Vertrauenssachen. Sprechstunden vorerst von 8—12, 2—6 Uhr in der Gastwirtschaft Zirfas, Montabaur, Kirchstraße.
Georg Schardt, Hermoldermühle.

beschuldigt ihn weiter des Notzuchtversuchs gelegentlich eines Kommandos in Grenzhausen, der sich durch die Zeugin selbst nicht erweisen läßt; beschuldigt ihn der Bestechlichkeit, indem er sich von dem Sohn einer Wirtin nach dessen angeblicher Erzählung habe traktieren lassen – und muß sich dann von diesem, der als Zeuge geladen ist, sagen lassen: ‚Herr Schardt, das ist eine Lüge!' [.......]

Auch das Gericht glaubte, die eigenartige Geisteseinstellung des Angeklagten berücksichtigen zu sollen und erkannte anstelle einer an sich verwirkten Gefängnisstrafe von einem Monat auf eine Geldstrafe von 200 Mk., sowie Publikationsbefugnis des Urteils. Es hielt in keinem Falle den Beweis für die Richtigkeit der aufgestellten Behauptungen für erbracht, [.......] Der Vorsitzende wies in der Begründung, während der der Angeklagte den Saal einfach verlassen wollte, darauf hin, daß das Gericht keine Freiheitsstrafe verhängt habe in der Hoffnung, daß der Angeklagte sein Unrecht einsehe. Die Schlußfrage des Angeklagten, ob er die Berufung gleich hier einlegen könne, läßt diese Hoffnung allerdings zuschanden werden. (Westerwälder Volkszeitung Nr. 20, 1927).

Kurios: Offenbar glaubte Schardt, seine Erfahrungen mit Justiz und Obrigkeit nutzen zu können und eröffnete als sog. Rechtskonsulent ein „Büro für Rechtsfragen jeglicher Art" (Inserat in der Westerwälder Volkszeitung 1927, Nr.226, 1927).

Heiligenroth, Hermoldermühle, 1982 (Nr. 20)

Schwierige Eigentumsverhältnisse sind letztlich der Grund dafür, daß die alte Mühle an der Hermolder in der Gemarkung Heiligenroth heute ein unschönes Dasein fristet.

Das Haus bietet alles andere als einen wünschenswerten Anblick (Foto 1982) und ist unbewohnbar. Heiligenroths Ortsbürgermeister Franz Josef Manns nimmt an, daß eine Abbruchverfügung erlassen wird, wenn erst geklärt ist, wem sie zugestellt werden muß. Problematisch ist nämlich, den oder die Eigentümer zu ermitteln, weil die Mühle über Anteilscheine zu je einem 84tel im Eigentum gestreut ist. Und zahlreiche Anteilseigner sind bereits verstorben (Westerwälder Zeitung 9. September 1982, mit Foto).

Heiligenroth, Sabelsmühle, 1930 (Nr. 21)

In der Nacht vom 16. auf den 17 Juni 1930 entstand gegen 24 Uhr im Mühlengebäude des Jakob Neuroth in Heiligenroth (Sabelsmühle, Neurothsmühle) ein Schadenfeuer. Dabei verbrannten die Mühle mit moderner Einrichtung sowie das angrenzende Wohnhaus. Lediglich die Scheune konnte gerettet werden (Westerwälder Volks-Zeitung 139/1930).

Heiligenroth, Sabelsmühle, 1933 (Nr. 21)

Nach dem Brandunglück vom 16./17. Juni 1930 wurde die Mühle von Jakob Neuroth wieder aufgebaut, wodurch ein finanzieller Engpass entstand, der zur Zwangsversteigerung führte. Vermutlich ließ der neue Besitzer, Johann Fluck aus Wiesbaden, um die Jahreswende 1932/1933 die Mühle einige Zeit unbeaufsichtigt. Diese Situation nutzten Diebe Mitte Februar 1933, um „gründlich auszuräumen", indem sie wertvolle neue und fest installierte Mühlenmaschinen im Wert von 4.000 Mark abtransportierten (Westerwälder Volks-Zeitung 56/1933).

Heiligenroth, Sabelsmühle, 1935 (Nr. 21)

Brandstifter entlarvt. Wegen schwerer Brandstiftuftung und Versicherungsbetrug verurteilte die große Strafkammer in Limburg unterm 24. Mai 1935 den Landwirt und Müller Jakob Neuroth und seinen Sohn Christian aus Heiligenroth, Unterwesterwaldkreis, zu je 2 Jahren und 6 Mon. Zuchthaus. Die frühere Sabelsmühle bei Heiligenroth ist in der Nacht vom 16. Auf 17. Juni 1930 bis auf die Umfassungsmauern ausgebrannt. Ein damals eingeleitetes Strafverfahren gegen Vater und Sohn wegen Verdachts der Brandstiftung ist ergebnislos verlaufen. Nach Verlauf von nunmehr vollen 5 Jahren ist es den fortgesetzten Bemühungen des zuständigen Gendarmeriebeamten gelungen, Licht in das Dunkel zu bringen und dem Gericht die Unterlagen für die Wiederaufnahme des Verfahrens zu beschaffen. Das Verbrechen der Brandstiftung, das nach § 67 des Strafgesetzbuches erst in 10 Jahren verjährt, schädigte hier das Volksvermögen um rund 50 000 RM., mithin eine Summe, die unwiderruflich dahin und mithin verloren ist. Aus einem Haufen Asche kann keine Macht der Welt ein abgebranntes Haus neu aufrichten. Die Geldbeträge, die von der Versicherung geleistet werden, fließen aus den Jahresbeiträgen der Gebäudeeigentümer. Ihre Höhe richtet sich wiederum nach der Höhe der eingetretenen Brandverluste. Es wird sich daher niemand finden, der ein rücksichtsloses Vorgehen gegen Barandstifter nicht billigt, da im Zeitpunkt nationalsozialistischen Denkens der Blickpunkt stets die Volksgemeinschaft sein muß. Schützt daher das Volksvermögen, indem Ihr mithelft, Brandstifter, diese Verbrecher an der Volksgemeinschaft, iher gerechten Bestrafung zuzuführen. Die Nassauische Brandversicherungsanstalt in Wiesbaden zahlt demjenigen, der einen Brandstifter entdeckt und anzeigt, sodaß er bestraft werden kann, eine Belohnung bis zur Höhe von 1000 RM (Westerwälder Volkszeitung vom 6. September 1935).

Horbach, Weismühle, 1934 (Nr. 25)

Der Samstag, 10. Februar 1934, war für die Müllerfamilie Albert Noll in der Weismühle bei Horbach ein Tag großer Aufregung und des Leides. Ihr 12-jähriger Sohn, der sich in der Mühle aufhielt, kam wohl in das Getriebe des Kammrades, wodurch ihm beide Beine gebrochen wurden (Westerwälder Volks-Zeitung 35/1934).

Nomborn, Kautenmühle, 1978 (Nr. 32)

Nach all den „meist unerfreulichen Erergnissen" aus dem Mühlenbereich, nun etwas Versöhnliches zum Schluss, zugleich aber auch ein Beweis, wie eine „verrottete Mühlenanlage" durch Engagement und Fleiß wieder belebt werden kann:

Vor der Kautenmühle (Kaute, d.h. Grube, Vertiefung) steht jenseits des Weges zwischen zwei Linden unter schützendem Dach ein mächtiges Kreuz. Über unzählige Jahre hat Christus aus Holz den Blick wie bei allen Mülen-Kruzifixen in Richtung des fließenden Wassers gerichtet – hier gewacht. Dort, wo einst der Bach sich in den Mühlenschacht stürzte, ist heute der Weg. Die Vergangenheit hat kaum Spuren hinterlassen. Karl-Heinz Abromeit, der mit seiner Frau seit rund vier Jahren das Anwesen besitzt und ausbaut, hat nur Weniges aus den Trümmern der verrotteten Mühlenanlage retten können.

Einer von drei Mühlesteinen ist in die Mauer eingelassen und erinnert die Vorübergehenden an die einstige Geschichte. Aus Stein gehauene Kälbertröge aus den Ställen zieren den Eingang als Blumenkübel. Fünf Jahre hat die alte Mühle leer gestanden, ehe neues Leben einzog. 1921 war das letzte Korn gemahlen worden: In den Zwischenzeiten war sie heruntergekommen. Die Mühlsteine wurden zerschlagen – man findet ihre Reste im Aufgemauerten. Räder und Wasserzulaufwerk verrotten; nur eine Aufhängung erinnert noch. Der erkennbare Auslaß des Mühlengrabens wird bald restauriert (Westerwälder Zeitung 217/1978).

Nomborn, Studentenmühle, 1903 (Nr. 33)

Der 19-jährige Müllergeselle Karl Marker war ein „Früchtchen besonderer Art". Seine Handlungen böten den Stoff für einen Mühlenkrimi. Mehrfach wegen Diebstahles, Unterschlagung, Urkundenfälschung und Landstreicherei vorbestraft, entwendet er in der Nacht vom 27. zum 28. August 1903 dem Müller Adam Schleimer einen Geldbetrag, um sich dann aus der Mühle zu entfernen. Folgen wir nun dem Bericht des Kreisblattes für den Unterwesterwaldkreis vom 25. November 1903 über die am Vortag vor dem Schwurgericht stattgefundene Verhandlung: „Aus der Hauptverhandlung teilen wir folgenden Sachverhalt mit, dessen der Angeklagte in vollem Umfang geständig ist: Der Angeklagte trat am 18. August d. Js., nachdem er vorher vom 15. Oktober 1902 bis 27. März 1903 als Knecht bei dem Müller Adam Schleimer auf der Studentenmühle bei Wallmerod in Dienst gewesen war, als Müllerbursche bei dem p. Schleimer wieder in Dienst. Da der Angeklagte sich gut führte, setzte Schleimer volles Vertrauen in den Angeklagten und ließ es sogar zu, daß seine 6 Jahre alte Pflegetochter Helene Schnee in einem Zimmer im unteren Stock der Mühle schlief, in welchem auch der Angeklagte schlief. Der Angeklagte hatte den Plan gefaßt, seinem Dienstherrn Schleimer das Geld zu stehlen, das dieser in einer Kiste, welche in einem Zimmer des oberen Stockwerks der Mühle stand, aufbewahrte. In der Nacht vom 27. zum 28. August d. Js. führte er seinen Plan aus. Er stieg vom Speicher aus durch eine Öffnung in einen über der Küche gelegenen Raum und von diesem durch eine nur mit einem Haken verschlossene Tür in das Zimmer, in welchem sich die Kiste befand. Er entnahm aus der Kiste, in welcher der Schlüssel steckte, 31 Mk. und nahm einen Teil der an der Wand hängenden Kleider an sich. In seinem Schlafzimmer, wo auch die Helene Schnee in fraglicher Nacht schlief, angekommen, begann er die Kleider auszusuchen. Als er merkte, daß er meistens Frauenkleider genommen hatte, warf er diese unter sein Bett und nahm nur eine gelbe Hose des Dienstherrn Schleimer an sich. Hierbei wurde die Helene Schnee wach, setzte sich im Bett auf und wollte schreien. Der Angeklagte sprang auf das Kind zu, warf es zurück auf das Bett und hielt ihm mit einer Hand den Mund und mit der anderen Hand den Hals zu. Da der Angeklagte merkte, daß bald die Mühle leer sein werde und befürchtete, daß durch das Signal der Schelle sein Dienstherr kommen werde, um nachzusehen, wo er wäre, und daß dann der Diebstahl entdeckt würde, riß er von einer von oben mitgebrachten schwarzseidenen Schürze das Band ab, schlang es um den Hals des Kindes und knotete es zu. Dann warf er noch die Decke über das Kind und machte sich durch den unteren Mühlenraum aus dem Staube.

Als bald darauf die Klingel [Foto: Das Mühlenglöcklein, das sich noch heute – leider beschädigt – in der Studentenmühle befindet.] in der Mühle mehrmals ertönte, stand Schleimer auf und ging in die Mühle. Da er den Angeklagten hier nicht fand, ging er in das nebenan befindliche Schlafzimmer. Auch hier fand er den Angeklagten nicht und sah, daß sein Bett noch unberührt war. Schleimer sah weiter, daß seine Pflegetochter mit dem zusammengeschlagenen Federbett vollständig bedeckt war.

Er riß die Decke herunter und sah, daß das Kind die Augen offen hatte und röchelte. Er trug das Kind schleunigst ins Wohnzimmer, wo Frau Schleimer mit einem Messer das um den Hals geschlungene Band zerschnitt. Das Kind war ganz blau-rot im Gesicht, hatte rotunterlaufene Augen und war bewußtlos.
Der als Sachverständiger vernommene Kreisarzt Dr. Floeck gibt sein Gutachten dahin ab, daß das Kind durch Erstickung gestorben sein würde, wenn nicht rechtzeitig Hilfe gekommen wäre. Der Sachverständige gibt weiter an, daß das Kind bald bewußtlos gewesen sei. Hieraus erklärt sich auch, daß das Kind sich des gesamten Vorganges nicht mehr erinnert. Der Angeklagte ging, als er die Mühle verlassen hatte, zu Fuß nach Limburg, von hier fuhr er mit der Bahn nach Höchst und wanderte dann nach dem Schwarzwald; am 26. Septbr. d. J. trat er in Erlach bei dem Müller Theodor Walz als Knecht in Dienst. In der zweiten Nacht seines Dortseins erbrach er mit einem Stemmeisen, das er sich in der Mühle geholt hatte, den dem Müllerburschen Vogt gehörigen Koffer und entwendete eine ganze Reihe von Sachen, Kleidungsstücke und sonstige Gegenstände. Einen Teil steckte er zu sich, einen Teil schnürte er in ein Bündel und legte diesen in die Mahlstube, einen anderen Teil versteckte er in dem Feuerungsraum einer Dreschmachine. Der Angeklagte gibt an, daß er ursprünglich die Absicht gehabt hätte, Erlach noch in der Nacht zu verlassen, es sei ihm aber schlecht geworden, er habe Erbrechen bekommen und deshalb habe er erst am Morgen abreisen können. Aus diesem Grunde habe das Bündel in der Mahlstube liegen lassen, weil es sonst gesehen und der Diebstahl entdeckt worden wäre. Kurz vor seinem Weggange nahm der Angeklagte aus einem unverschlossenen, in der Nähe stehenden Schreibpult ein dem Müller Theodor Wals gehöriges Opernglas mit. Der Angeklagte gibt sämtliche Anklagepunkte zu, doch will er nicht die Absicht gehabt haben, das Kind Helene Schnee zu töten, sondern es nur am schreien zu hindern, bis er die Mühle verlassen hätte; er habe nicht daran gedacht, das Kind zu töten.

Die Geschworenen bejahten die ihnen gestellten Schuldfragen in allen Punkte, ebenso die Nebenfrage, ob die strafbare Handlung der versuchten Tötung begangen worden ist, um ein entgegentretendes Hindernis zu beseitigen oder um sich der Ergreifung auf frischer Tat zu entziehen. Das Urteil lautete auf eine Gesamtzuchthausstrafe von 6 Jahren, Aberkennung der bürgerlichen Ehrenrechte auf die Dauer von 5 Jahren und Zulässigkeit der Stellung unter Polizeiaufsicht (Kreisblatt für den Unterwesterwaldkreis 141/1903).

Nomborn, Studentenmühle ,1919 (Nr. 33)

Strafkammer des Landgerichts Neuwied
Sitzung vom 23. Juli 1919
In der Nacht vom 15. zum 16. März 1919 wurde dem Besitzer der Studentenmühle bei Nomborn aus einem verschlossenen Stall ein Schaf gestohlen. In der Frühe des 16. März waren die Glasmacher Josef R., Heinrich B. und Rudolf R., alle von Wirges, mit Rucksäcken beladen gesehen worden, wodurch sich der Verdacht auf sie lenkte. Bei einer Haussuchung wurde auch bei jedem Hammelfleisch vorgefunden. Das Gericht hielt, da nicht nachzuweisen war, daß der Stall tatsächlich verschlossen war, nur einfachen Diebstahl für vorliegend und erkannte gegen jeden Angeklagten auf 2 Monate Gefängnis (Kreisblatt für den Unterwesterwaldkreis 114/1919).

Oberelbert, Erbenmühle, vormals Ölmühle, 1817 (Nr. 34)

Die am Waldrand von Oberelbert gelegene ehemalige Ölmühle gehört heute zur Gemeinde Oberelbert. Das war nicht immer der Fall. Bei der Errichtung der Gemeinden Oberelbert und Welschneudorf zu einer eigenen Pfarrei (1770) wurde vergessen, die Ölmühle einer bestimmten Pfarrei zuzuordnen. Der Müller Niklas Mertz konnte nicht kirchlich getraut werden, weil die Mühle weder zur Pfarrei Oberelbert noch zu der benachbarten Pfarrgemeinde Holler gehörte. Mit seinem Hinweis, er habe Kirche und Pfarrhaus zu Oberelbert bauen helfen, bat er darum, nach Oberelbert „zu pfarren". Nachdem die kirchliche Zugehörigkeit der Ölmühle zu der Pfarrei Oberelbert 1817 vollzogen war und er zuvor das Bürgerrecht in Oberelbert erworben hatte, stand einer kirchlichen Trauung nichts mehr im Wege (Diözesanarchiv Limburg, Bestand 003 Nr. 10/1).

Montabaur, Allmannshausener Mühle, 1741 (Nr. 36)

Rechtsstreit zwischen dem Müller und der Montabaurer Bäckerszunft

Zur Information wird vorausgeschickt:

Finanzielle Probleme hatten dazu geführt, dass 1738 ein Tausch in der Bewirtschaftung zweier Mühlen stattfand. Philipp Paulus, Pächter der Mühle, schloss am 29. September 1738 vor dem Schöffen Johann Georg Panheyer und Johann Georg Hannappel einen Vertrag mit Johann Hölzgen, Besitzer der Goldhäuser Mühle. Darin wurde u.a. vereinbart, dass Paulus die Mühle bei Goldhausen übernimmt und Hölzgen Pächter in Allmannshausen wird und außerdem für die Schulden des Philipp Paulus aufkommen muss. Handelnde Personen in dem 1741 in Gang gekommenen Prozess waren der Allmannshausener Bannmüller Hölzgen und Johann Eberhard Sauerborn, Altmeister der Montabaurer Bäckerzunft. Es ging dabei um die Frage, ob die Bäcker Mehl verkaufen dürfen. Als Beweismittel wurden herangezogen:

– Das der Mühle zustehende Bannrecht, wonach allen Männiglich (= jeder) zu Montabaur inne wohnhaftig und in den dreyen Thälern nämlich Armenhausen (d.i. Allmannshausen) Sauerthal und Pfaffenacker die Pflicht auferlegt ist, ihre Frucht mahlen zu lassen in den Zweien meines herrn Gnaden Mühlen.

– Die von Kurfürst Franz Georg von Schönborn am 14. Juni 1736 erlassene Zunftordnung für die Bäcker, wonach ihnen „Meinig erlaubt seye, das Weis- und Rocken Mehl.... in der Stadt zu verkaufen.

Es geht bei der nachfolgend kurz dargestellten Streitsache nicht darum, ein Ergebnis zu präsentieren, sondern um die von der Bäckerzunft beargwöhnte fachliche Kompetenz des Allmannshauser Bannmüllers Hölzgen.

Am Tag vor Silvester 1740 kaufte die Witwe des Wirgeser Bäckers Peter Schenkelberg bei dem Montabaurer Bäcker Johann Eberhard Sauerborn (dem zuvor erwähnten Zunftmeister) ein Malter Weizenmehl. Als der Bannmüller davon erfuhr, nahm er das Mehl an sich (wörtlich heißt es, er „pfändete" es) und brachte es zur kurfürstlichen Kellerei, die es sogleich der Witwe wieder ausgehändigte. Wer den Streit vom Zaune brach, tritt in den Hintergrund gegenüber den von beiden Parteien vorgebrachten Rechtfertigungsgründen, nämlich Bannpflicht und -recht auf der einen und Zunftordnung auf der anderen Seite. Weiter argumentierte die Zunft, weder im Amt Montabaur noch in der Umgebung werde Weizen angebaut. Zudem habe der Müller kein Weizenmehl vorrätig und könne auch kein gutes Weizenmehl herstellen. Ein weiterer Vorwurf der Bäckerzunft wiegt schwerer als eine Lästerung, grenzt schon an eine Ehrabschneidung, indem gesagt wurde, Hölzgen sei vom Dorf gekommen, er sei kein gelernter Müller, unerfahren und ein nicht gewanderter Ackersmann. Das treffe auch auf seinen Knecht zu. Auch er sei unerfahren und ungewandert. Dieser Bauerskerl [habe] keinen Verstand, das Weißmehl zu machen. Wir können abwägen, ob wir die Unterstellungen „vom Dorf" und „Bauerskerl" als Herabwürdigung oder ob wir die „Wanderschaft" zur Begründung der fachlichen Kompetenz als eine Überheblichkeit betrachten möchten (Hessisches Hauptstaatsarchiv Wiesbaden, Bestand 116, Allmannshausen 1).

Montabaur, Sauertaler Mühle, 1761 (Nr. 37)

Was darf ein Bürgermeister?

Nachdem der Sauertaler Müller Christian Sabel gestorben war, übertrug der Mühleneigentümer, Kurfürst Johann Philipp von Walderdorff, diese Mühle 1759 auf neun Jahre zur Nutzung an Matthias Molsberger. Als „vorgesetzte" Behörde für den Müller fungierte die kurfürstliche Finanz- (Hofrent-) Kammer. An diese Amtsstelle wandte sich am 21. Februar 1761 der Müller Molsberger mit einer Beschwerde gegen den Montabaurer Bürgermeister Schaaf. Molsbergers Mahlknecht war vor fast zwei Wochen mit einem Bürger der Stadt in Streit geraten, der zu einer Schlägerei ausartete. Obwohl die Angelegenheit auf gütlichem Wege bereits beigelegt worden war, setzte Bürgermeister Schaaf 12 „Bewaffnete" in Marsch und ließ die Sauertaler Mühle mit Gewalt „aufsprengen". Darin ergriffen die Waffenträger den Knecht, nahmen ihn gefangen und sperrten ihn im Wachthaus ein. Nach der Angabe des Müllers verlangte das Stadtoberhaupt eine Kostenentschädigung für des Knechtes unfreiwilligen Aufenthalt im Kittchen von 8 1/3 Reichstaler (13 Gulden). Gegen die ungerechtfertigte Gefangennahme und die damit verbundene finanzielle Bestrafung richtete sich die Anschuldigung des Sauertaler Müllers, die im Protokollbuch der Hofrentkammer einen schriftlichen Niederschlag fand. Gewöhnlich wurde das Protokollbuch dem Kurfürsten zur Einsichtnahme und zur Entscheidung vorgelegt. In Randvermerken gab dann der Landesherr seine Willensäußerung in kurzen Worten kund. Für den vorgelegten Fall verfügte er: „Bürgermeister soll bestraft werden". (Landeshauptarchiv Koblenz, Bestand 1 C Nr. 10626, S. 305).

Montabaur, Sauertaler Mühle, 1955 (Nr. 37)

MONTABAUR. Am Mittwochmorgen wurde der 24 Jahre alte Arno Schmidt, der auf dem „Roßberger Hof" beschäftigt war, tot im Mühlgraben an der Sauertalstraße aufgefunden. Schmidt war am Dienstag gegen Abend mit einem Bekannten in die Stadt gegangen. Der Bekannte ging vor und verlor Schmidt aus der Sicht. Als am Mittwochmorgen die Arbeit auf dem „Roßberger Hof" begann, wurde Schmidt vermißt. Die Polizei wurde benachrichtigt, das Gelände abgesucht und schließlich fand man Schmidt tot im Mühlbach liegen. Zeugen für den Unfall sind nicht vorhanden. Vermutlich erlitt Schmidt, der zeitweise epileptische Anfälle bekam, auch am Dienstagabend einen Anfall, als er auf der Sauertalstraße ging. Schmidt ist vermutlich hingefallen und die Böschung zum Mühlgraben hinunter gerollt. In dem Wasser und Schlamm des Mühlgrabens ist der Bedauernswerte dann erstickt (Westerwald Post 166/1955).

Montabaur, Homannsmühle, 1924 (Nr. 39)

(Fremdlinge im Westerwald.) Seit einigen Tagen sieht man an dem Bache zwischen der Stuntzemühle und der Stendebachsmühle ein seltenes Vogelpaar. Von außerordentlicher Schönheit ist das Gefieder, aber ebenso unschön der Gesang. Das Pärchen, ein Kokilapärchen [Klettervogel aus der Familie der Kuckucke], hat sich anscheinend aus dem kalten, nördlichen Eis-Regionen während des kalten Winters nach hier verirrt. Für Vogelfreunde ein schöner und seltener Anblick. Hoffentlich fällt es nicht einem Jäger zum Opfer (Amtliches Nachrichtenblatt der Kreisverwaltung des Unterwesterwaldkreises März 1924).

Montabaur, Lohmühle, 1688 (Nr. 41)

Im Herbst 1688 wollte der Lohmüller Konrad Eschelbach morgens früh zu seiner Lohmühle in Allmannshausen gehen. Als er an die Sauertaler Pforte kam [Als Standort der Sauertaler Pforte kommt der obere Bereich der heutigen Sauertalstraße in Frage.], fand er sie noch verschlossen vor. Er schickte deshalb seinen Jungen zum Wachtmeister, um ihn zu bitten, die Pforte zu öffnen. Als der Wachtmeister kam, hatte der Lohmüller das Tor bereits mit seinem Schlüssel geöffnet. Später, als die Angelegenheit vor dem Rat verhandelt wurde, bestritt Eschelbach, das Tor mit seinem Schlüssel geöffnet zu haben. Er sagte aus, er könne mit seinem Eid beschwören, dass der Bolzen nicht im Schloss eingerastet gewesen sei. Der Wachtmeister Johann Helbach sagte dazu unter Eid aus, als er zur Pforte gekommen sei, habe er den Beklagten gefragt, ob er noch einen Wachtmeister habe. Eschelbach habe darauf geantwortet, er habe seinen Scheunenschlüssel ausprobiert. Daraufhin probierte der Rat den Scheunenschlüssel am Schloß aus und vermochte es mit ihm zu öffnen. Zur Strafe für seinen Meineid musste Eschelbach zwei Reichstaler zahlen (Stadtarchiv Montabaur, Abt. 3 Nr. 160).

Montabaur, Marauer Mühle, 1919 (Nr. 41)

Am Montag, 25. d. Mts., abends gegen 9 ½ Uhr brach in der in der Marau belegenen Mahlmühle des Herrn Hermann Müller Feuer aus, welches derart um sich griff, daß sowohl die Mühle, als auch das anstoßende Wohnhaus nebst Ökonomiegebäude (Scheune, Stall) fast ganz niederbrannten. Das Vieh wiurde auf gegenüberliegenden Wiesen in Sicherheit gebracht, dagegen ist ein großer Teil der eingeernteten Frucht, besonders Roggen, ferner Mehl, Heu, Stroh, Mobilar und landwirtschaftl. Geräte usw. verbrannt. Der Schaden ist bedeutend. Die Entstehungsursache ist unbekannt. Zu bemerken ist noch, daß die Schüler der Präbarandenanstalt und des Seminars unter Leitung des Herrn Präbarandenlehrers Thaler, welche das Feuer von der Anstalt in der Gelbachstraße aus bemerkten, schnell an der Brandstätte erschienen waren und sich eifrig an dem Retten von Möbeln und den Löscharbeiten beteiligten. Ebenso waren auch die Freiw. Feuerwehr unter dem Kommando des Herrn Adam Löwenguth und andere Einwohner von Montabaur und benachbarten Mühlen und Gemeinden alsbald zur Stelle und ist es dankbar anzuerkennen, daß es trotz der großen Gefahr durch Anwendung der Feuerwehrspritze gelungen ist, das einige Meter von der Mühle stehende zweite Wohnhaus zu retten (Westerwälder Volkszeitung 313/1919).

Montabaur-Bladernheim, Getreidemühle, 1912 (Nr. 45)

Bladerneheim (b.Montabaur) 28. Aug. Am verflossenen Sonntag ist in einem Mühlgraben dahier ein Knabe von zwei Jahren ertrunken. Das Kind spielte auf der Wiese und trieb Enten in den Wassergraben, wobei es hinfiel, ohne dass es Jemand merkte. Die Leiche wurde später unweit der Unfallstelle gefunden. Eine ernste Warnung: Kinder nicht ohne Aufsicht zu lassen (Kreisblatt für den Unterwesterwaldkreis 132/1912).

Montabaur- Eschelbach, Hüttenmühle, 1862 (Nr. 49)

In der Zeit vom 18./22. Januar d. J. ist von der Hüttenmühle bei Eschelbach ein circa 3 Jahre alter Pfau (Hahn) entwendet worden. Derselbe hatte auf dem Kopf ein Büschchen von zarten Federn von bläulicher Farbe. Vor einiger Zeit waren demselben die Schwanzfedern theilweise ausgerissen worden, die noch nicht vollkommen nachgewachsen waren.
Die H. Bürgermeister und Landjäger werden beauftragt, Nachforschungen nach dem entwendeten Pfau sowie nach dem Dieb zu veranstalten und bei sich ergebenden Anzeichen Nachricht hierüber anher zu geben.Montabaur, den 31. Januar 1862 Herzogl. Nass. Amt Fuchs (Amtsblatt für die Herzoglichen Ämter Nassau, Braubach, Montabaur u. Nastätten, Nr. 10/1862).

Montabaur-Eschelbach, Aumühle, 1880 (Nr. 51)

Montabaur, 1. Februar 1880. Gestern Abend um 6 Uhr verunglückte der älteste, ebenso biedere als brave und fleißige Sohn des Müllers Andreas Heibel in der seinen Eltern gehördenden, isoliert gelegenen Aumühle. In der Nähe des Kammrades beschäftigt, ergriff das gefährliche Rad und ohne dass er es in dem stets gewohnten Arbeitseifer bemerkte, einen Teil seiner Kleidung und somit ihn selbst, was, da der Müllerbursche wegen anderweitiger Beschäftigung zum sofortigen Stillstellen des Werkes nicht zur Stelle sein konnte, den so schrecklichen und schmerzvollen Erdrückungstod zur Folge haben musste (Kreisblatt für den Unterwesterwaldkreis 4/1880).

Montabaur-Eschelbach, Hirsenmühle, 1873 (Nr. 52)

Eschelbach, den 24. Juni. Das Directorium des Vereins Nassauischer Land- und Forstwirthe hat am 17. d. Mts. zu Hadamar der Magd Anna Maria Göbel auf der Hirsenmühle dahier als öffentlich ehrendes Anerkenntniß redlicher Gesinnung und sittlich reinen Lebens den III. Preis aus der Kasse der Louisenstiftung [eine nach Herzogin Luise von Nassau benannte Stiftung zugunsten von Landarbeitern], als Zeichen des Dankes für 27 ½ jährige einer geachteten Familie als Landarbeiterin und Viehwärterin usw. treu geleistete Dienste übergeben (Kreisblatt für den Unterwesterwaldkreis 52/1873).

Montabaur-Eschelbach, Hirsenmühle, 1907 (Nr. 52)

Montabaur, 9. Juni. Ein seltenes Fest wurde kürzlich im Hause des Mühlenbesitzers Becker bei Eschelbach gefeiert. Die in seinem Dienst stehende Magd Anna Maria Meurer, welche ihm sowohl nach dem frühen Tode seiner Frau wie auch seinem verwitweten Vater lange Jahre als Haushälterin die Wirtschaft geführt hat und in diesem Frühjahr genau 40 Jahre im Dienste der Familie Becker steht, erhielt aus diesem Anlaß von Ihrer Majestät der Kaiserin und Königin (Auguste Victoria) ein schönes goldenes Kreuz mit entsprechender Inschrift nebst einem eigenhändig unterschriebenen Diplom verliehen, welches der Jubilarin am Fronleichnamstag durch den Herrn Landrat überreicht wurde. Dieser konnte ihr und ihrer Dienstherrschaft gratulieren, denn solch treues festes Zusammenhalten über ein Menschenalter lang findet man selten in der heutigen Zeit und ist ein gutes Zeichen für beide Teile (Kreisblatt für den Unterwesterwaldkreis 86/1907).

Montabaur-Eschelbach, Hirsenmühle, 1911 (Nr. 52)

Montabaur, 10. Juni. In der Nacht von Donnerstag auf Freitag, etwa gegen 1 Uhr, entstand in der bei dem benachbarten Orte Eschelbach belegenen Hirsenmühle (Besitzer Herr Math. Becker) Feuer, wodurch das Wohnhaus, die vollständige Mühle mit 3 Mahlgängen, ein größeres Quantum Frucht, Mehl, Kleien und fast sämtliches Mobiliar verbrannten. Die freiwillige und Pflichtfeuerwehr, sowie viele sonstigen Einwohner (Männer und Frauen) aus Eschelbach eilten zur Brandstätte und retteten, was noch möglich war: eine Anzahl Säcke mit Frucht und einige Möbel; dies wurde durch die schnelle Ausdehnung des Feuers sehr erschwert. Durch energisches Eingreifen gelang es, die dicht an der Mühle stehenden Oekonomie-Gebäude (Scheune, Stallung) vor dem Feuer zu schützen. An den Löscharbeiten beteiligte sich auch eine Abteilung der Spritzenmannschaft aus Montabaur. Der Brandschaden wird, wie wir hören, sich auf über 50.000 Mark belaufen, der zum größten Teil durch Versicherung gedeckt ist. Die Entstehung des Feuers ist unbekannt (Kreisblatt für den Unterwesterwaldkreis 89/1911).

Montabaur-Eschelbach, Hirsenmühle, 1931 (Nr. 52)

Eschelbach. 17. Sept. (Einbruch) Ein dreister Einbruch wurde in der Nacht vom 16. zum 17. September zwischen 12–6 Uhr morgens in Eschelbach auf der Hirsenmühle (Inhaber Peter Fluck) verübt. Der oder die Einbrecher öffneten mit Gewalt die Garagentüre und stahlen einen Personenwagen, nachdem sie vorher anscheinend unter Benutzung des Benzinvorrates nochmals getankt hatten. Allem Anschein nach handelt es sich um einen in allen Teilen vorbereiteten Einbruch und dürften die nächtlichen Besucher mit den Ortsverhältnissen sehr gut bekannt gewesen sein. Es handelt sich um eine fast noch neue beigefarbige Wanderer-Limousine, Viersitzer mit dem Erkennungszeichen I.T. 53221. Hoffentlich sind die Besitzerfreuden der Einbrecher von kurzer Dauer (Westerwälder Volks-Zeitung 215/1931),

Montabaur-Eschelbach, Hirsenmühle, 1962 (Nr. 52)

Flucks „Hirsenmühle" weicht dem Straßenbau

Aus dem Kurvenkarrussell der Landstraße Montabaur-Wirges wird eine Gerade

Eschelbach. An der Landstraße I. Ordnung Nr. 77 von Montabaur nach Wirges, die in den beiden vergangenen Jahren in zwei Bauabschnitten von der Ritzmühle bis zum Orstrand von Wirges ausgebaut wurde, soll schon bald der dritte Bauabschnitt begonnen werden. Jetzt kommt das Stück von der Geraden hinter der Ortsausfahrt Eschelbach bis zur Ritzmühle an der Reihe. Wie die Landesstraßenverwaltung auf Anfrage mitteilt, wurde Peter Flucks „Hirsenmühle" gekauft. Das Gebäude wird abgerissen und weicht dem Straßenbau. Sinn des dritten Bauabschnitts an dieser stark befahrenen Straße ist es, das Kurvenkarrussell von der Hirsenmühle bis zur Ritzmühle zu beseitigen (Westerwälder Zeitung 89/1962).

Montabaur-Eschelbach, Hirsenmühle, 1965 (Nr. 52)

Frühestens im Frühjahr fertig: Eine Million für neue Straße von Eschelbach nach Wirges/Der Ausbau des Kurvenkarussells an der Hirsenmühle hat begonnen Eschelbach. Autofahrer werden es bereits bemerkt haben: an der Landesstraße Nr. 313 zwischen Montabaur und Wirges, genauer gesagt zwischen Eschelbach und der Ritzmühle, hat der dritte Bauabschnitt begonnen. Das Kurvenkarussell an Peter Flucks Hirsenmühle wird begradigt und die Eisenbahnunterführung wird breiter. Das läßt sich der Bauherr, das Land Rheinland-Pfalz, 990.000 Mark kosten. [.….]

Teurer indes als die Eisenbahnbrücke werden die Straßenbrücke über den Aubach und der fast gradlinige Ausbau der Straße bis kurz vor Eschelbach, wobei auch die im Wege stehende Hirsenmühle des Peter Fluck abgerissen wird. [.….] (Westerwälder Zeitung 168/65). Die Hirsenmühle wurde im Oktober 1965 gesprengt.

Montabaur-Ettersdorf, Heckenmühle, 1899 (Nr. 54)

Am 12. April 1899 war der Müllerbursche in der „Eufinger´schen Mühle (Heckenmühle) in Ettersdorf damit beschäftigt, einen Riemen auf eine Müllereimaschine aufzulegen. Dabei verunglückte er, indem er sich ein Bein brach (Kreisblatt für den Unterwesterwaldkreis 45/1899).

Montabaur-Ettersdorf, Heckenmühle, 1886 (Nr. 54

Ettersdorf, 2. April. Trotz aller Bemühungen konnte es nicht dahin gebracht werden, eine Chaussee oder Eisenbahn durch das Gelbachthal zu bringen. [Die Straße durch das Gelbachtal wurde erst in den Jahren 1901 bis 1903 gebaut]. Heute ist man daran, die Gelbach theilweise schiffbar zu machen. Der neue Besitzer von der Heckenmühle, Herr Eifinger, fährt sämmtlichen Mauersand per Nachen gegen die Baustelle, von wo derselbe per Schiebkarren an Ort und Stelle gebracht wird (Kreisblatt für den Unterwesterwaldkreis 28/1886).

Montabaur-Wirzenborn, Brüdermühle, 1928 (Nr. 56)
Gackenbach-Dies, Altmühle, 1928 (Nr. 6)

Pressefahrt durch den Unterwesterwaldkreis

Montabaur, 22. August. Auf Anregung den Landrats Collet und des Kreisausschusses fand heute unter starker Beteiligung der Presse, des Kreisausschusses und der Kreistagsmitglieder eine Kreispressefahrt statt. [……] Die Abfahrt erfolgte kurz nach 11 Uhr morgens vom großen Markt in Montabaur aus und führte durch das nahe gelegene Gelbachtal, [……]

Wirzenborn ist eine arme und kleine Gemeinde, besitzt eine einfache und billige Wasserversorgung mit einem Kostenaufwand von 10 000 Mark; bezieht seine elektrische Energie von der Brüdermühle. [……]

Weiter ging die Fahrt nach Dies. [……] Von hier aus, und zwar durch das Sägewerk Kappler [vormals Neumühle], werden die Orte Dies, Kirchähr, Gackenbach, Horbach und Hübingen mit elektrischer Energie versorgt. [……]

Koblenzer General-Anzeiger Nr. 196, Freitag, 25. August 1928 (Die Überschrift ist im Original in deutscher Schrift gedruckt.)

MÜHLEN IM GRENZBEREICH

Der Leser wird einige Mühlen vermissen, die im Grenzbereich der Verbandsgemeinde Montabaur liegen und oft irrtümlich Orten innerhalb der Verbandsgemeinde zugeordnet werden. Einer der Gründe besteht darin, dass die Grenzen zwischen den Orten bzw. Verbandsgemeinden in Teilen unmittelbar diesseits oder jenseits der Bäche verlaufen. Z. B. liegen die Bodener Mühle und die Steinhecker Mühle am Ahrbach bei Boden in der Gemarkung Meudt. Die Jungerstmühle am Eisenbach bei Girod gehört zu Steinefrenz. In diesen Fällen verläuft die Gemarkungsgrenze unmittelbar entlang der Mühlengrundstücke.

Ort	Name	Gewässer
Arzbach	Langmühle	Kennelbach
Bannberscheid	Bannberscheider Mühle	Aubach
Dernbach	Ritzmühle	Aubach
Elz	Jägermühle	Erbach
Giershausen	Giershauser Mühle	Gelbach
Hambach	Hambacher Mühle	Hambach
Hillscheid	Hüttenmühle	Kalterbach
Hillscheid	Grundsmühle	Grundsbach
Holzappel	Bruchhäusermühle	Gelbach
Isselbach	Isselbacher Mühle	Isselbach
Koblenz-Arenberg	Mühle b. Mühlenbacher Hof	Mühlenbach
Meudt	Bodener Mühle	Ahrbach
Meudt	Steinhecker Mühle	Ahrbach
Obererbach	Erbenmühle	Erbach
Obererbach	Obermühle	Erbach
Obererbach	Untermühle	Erbach
Ruppenrod	Selgesmühle	Daubach
Staudt	Ölmühle	Aubach
Steinefrenz	Jungertsmühle	Ahrbach
Urbar	Schmelzmühle	Mallendarer Bach

DER MÜHLGRABEN UND SEINE FUNKTION

Worauf der Beitrag „Es liest sich wie eine Statistik" hinweist, nutzten die allermeisten Mühlen im Westerwald das Wasser als Antriebskraft zur Ingangsetzung der Mühlentechnik. Dies konnte zwar auf unterschiedliche Weise geschehen, vollzog sich jedoch hauptsächlich durch den Einbau von oberschlächtigen Wasserrädern. Zur Heranführung des Wassers war es erforderlich, eine Ableitung vom Mutterbach zu bauen. Sie wird sowohl in Mühlenakten als auch umgangssprachlich Mühlgraben genannt. Je nach Geländebeschaffenheit mussten Mühlgräben bereits einige hundert Meter oberhalb der Mühle ihren Anfang nehmen, um das erforderliche Gefälle zu erreichen. Die Regulierung der Menge des abgeleiteten Wassers in den Obergraben geschah durch ein Schütz, also durch eine in der Höhe verstellbare Bohlenwand (Einlassschleuse, Abb.). Auf seiner letzten Wegstrecke floss das Wasser von dem Ableitungsgraben durch einen aus Holzbohlen hergestellten Kanal von oben in die Kammern des Mühlrades. Nachdem das Wasser dem Mühlrad Energie zugeführt hatte, lief es durch den Untergraben in den Mutterbach zurück. Reichte das natürliche Geländegefälle nicht zur Wasserführung auf das Mühlrad aus, behalfen sich die Mühlenbauer, indem sie das Rad im Untergeschoss des Mühlengebäudes installierten oder einen Teich anlegten.

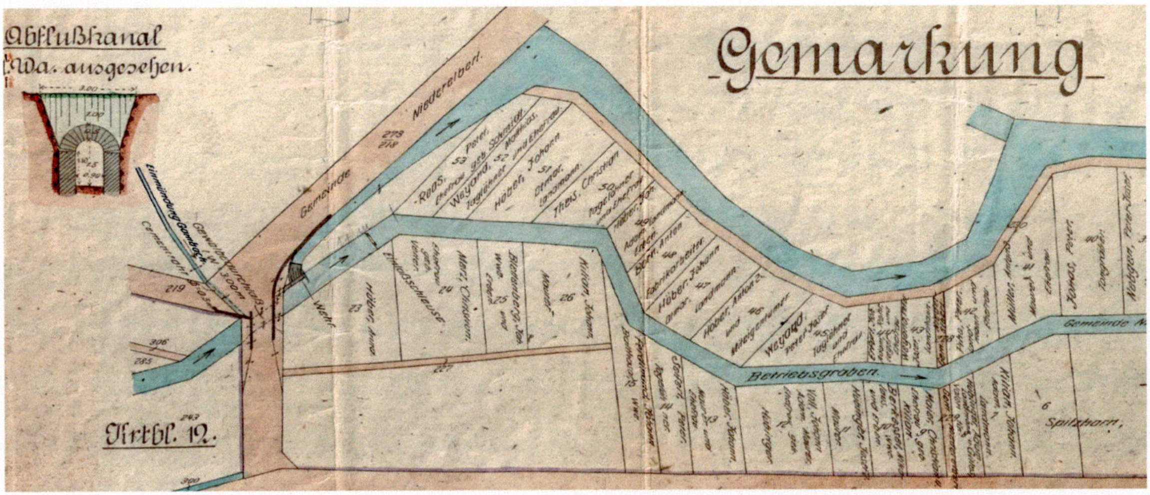

Die hier kurz skizzierte Wasserbaumaßnahme lässt sich durch die „Zeichnung zum Antrage auf Eintragung in das Wasserbuch für die Wasserkraftanlage der Dorfmühle Niederelbert“ vom 29. Januar/ 25. März 1921 veranschaulichen.

Bei genauem Hinsehen erkennt man, dass der Mühl- (Betriebs-) graben direkt hinter dem Mühlengebäude gestrichelt gezeichnet ist. In der Natur entspricht dies einem gemauerten Durchlass, wie es die kleine Abbildung rechts dokumentiert.

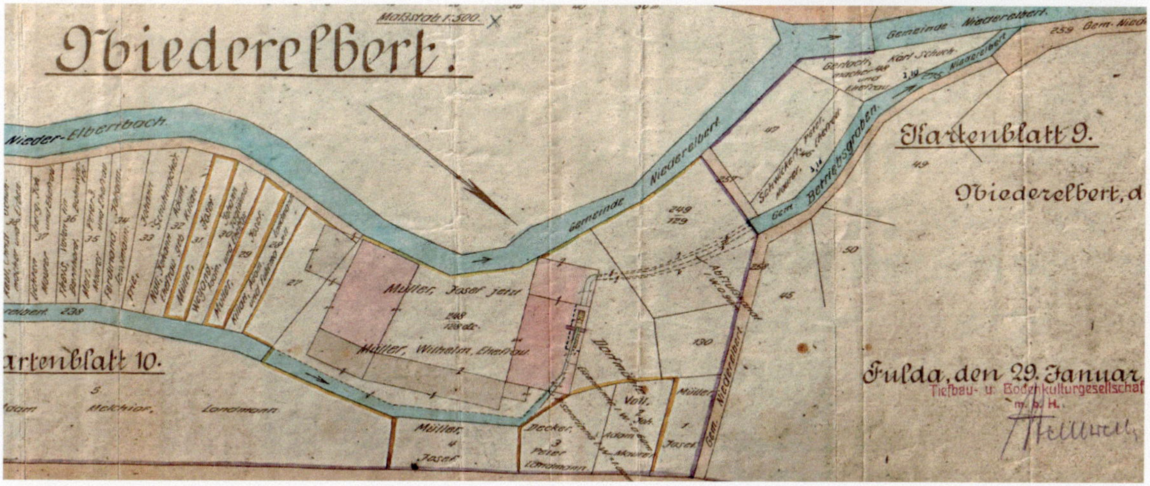

BESTANDSAUFNAHME

Drei Aspekte zum Mühlenbestand in der Verbandsgemeinde Montabaur gehören gewiss auch zur Darstellung des regionalen Mühlenwesens:

- Die sicher von nicht wenigen Lesern hinterfragte Information nach der gegenwärtigen Verwendung der Mühlengebäude und des Mühlengeländes.
- Von Interesse dürfte wohl auch sein, was noch an Mühlentechnik vorhanden ist.
- Ohne Zweifel sind Mühlen technische Denkmale. Welche Mühlenhäuser sind auserwählt, als ein architektonisches Denkmal anerkannt zu werden?

Zur ersten Frage „gegenwärtige Nutzung“ werden die insgesamt 64 erwähnten Mühen hinterfragt. Keine dieser Anlagen ist im Sinne ihrer Installierung noch in Betrieb. Die Anwesen dienen heute zu 50% Wohnzwecken, entweder als Dauer- oder als Wochenendhaus, 35% der Gebäude sind wüst gefallen, darunter fristen 5% ein ruinöses Fortbestehen (Dollmühle in Girod, Obermühle in Holler, Heckenmühle in Montabaur-Ettersdorf). Die restlichen zehn der ehemaligen Mühlenanwesen wurden einer gewerblichen oder landwirtschaftlichen Nutzung zugeführt. Dazu gehören auch die beiden „Anlaufstellen“ (im wörtlichen Sinne), nämlich als Rast-, Gast- und Beherbergungshaus. Unter Wahrung des Mühlennamens können sie sich – sprachlich – auf die Tradition des vormaligen Handwerksbetriebs berufen (Freimühle – Hotel, Restaurant, Girod und Studentenmühle – Hotel und Gasthaus, Nomborn).

Zur zweiten Frage „Bestand an noch vorhandener Mühlentechnik“ ist die Antwort ernüchternd.
Lediglich ein einziger der ehemaligen Mühlenbetriebe verfügt noch über die komplette Einrichtung zur Getreidevermahlung (Schlatmühle Heiligenroth). Die Artgefüge der im Jahre 1982 geschlossenen Goldhäuser Mühle sind mit Ausnahme des Wasserrades nahezu vollständig erhalten. In anderen Mühlen sind nur noch wenige Teile der Ausstattung an Ort und Stelle vorhanden (Ullesmühle Eitelborn: elektrisch betriebener Steinmahlgang zum Schroten, Studentenmühle Nomborn: Turbine zur Stromerzeugung, Ettersdorfer Mühle Montabaur-Ettersdorf: ebenfalls eine Turbine zur Stromerzeugung).

Zu noch existierender Mühlentechnik in der Neumühle Gackenbach-Dies und in der Dorfmühle Niederelbert folgen Aussagen unter der dritten Fragestellung: Mühlen als geschützte Kulturdenkmäler nach dem Denkmalverzeichnis des Westerwaldkreises.

An sechs Mühlenplätzen sind solche Objekte anzutreffen:

- Die Goldhäuser Mühle kann sich als meist gemaltes und gezeichnetes denkmalgeschütztes Fachwerkmühlenhaus rühmen.
- Auch die Görgeshäuser Mühle besticht durch ihre Fachwerksgliederung, wodurch sie es in die Liste der geschützten Bauwerke geschafft hat (Foto 2020).
- Diese Ehre wurde auch dem Ensemble der Dollmühle Girod mitsamt der Kapelle zuteil, was jedoch den Verfall nicht aufgehalten hat.
- Die neuen Eigentümer der Schlatmühle in Heiligenroth restaurierten das technische Kulturdenkmal mit Liebe zum Detail.
- Von der gesamten Anlage der Niederelberter Dorfmühle waren die Untere und die Landesdenkmalbehörde so angetan, dass sie die Unterschutzstellung favorisierten.
- Dessen erfreute sich die Trockenmühle in Niedererbach erst, nachdem sie durch ein Schadenfeuer 1992 wieder ein ansehnliches Aussehen vorwies.

Bei der Umgestaltung des Mühleninneren zu Geschäftsräumen in der Neumühle Gackenbach-Dies beließ die Holzbaufirma Kappler einige technische Mühlenstücke an ihrem ursprünglichen Standort und schaffte auf diese Weise eine nostalgische Reminiszenz an die Zeit der Mühlenerbauung (Foto). Wohnen mit und zwischen Mühlengerätschaften bestimmten auch den Ausbau der Niederelberter Mühle zu Wohnräumen (Foto).

GLOSSAR

Domanialerbenmühlen: Mühlen im Besitz eines Landesherrn, der sie auf bestimmte Zeit oder erblich an Müller verpachtet, deshalb auch Erbleihmühlen genannt. Meist ist mit solchen Mühlen das Bannrecht verbunden.

Eisenhammer, Eisenhütte,Elektrizitätswerk, mechanische Spinnerei: Gelten zwar nicht als Mühlen, nutzen aber die Kraft des Wassers (Sammelbegriff: Wassertriebwerke).

Eishaus: Überbauung des Mühlrades zum Schutz vor der Eisbildung.

Erbenmühle: Bauern- , Gesellschafts- oder Gemeinschaftsmühle, deren Anteile verkäuflich und vererblich sind, daher die im Westerwald übliche Bezeichnung als Erbenmühle. Im Hunsrück hießen sie Bauernmühle.

Erbleihe: Übertragung des Nutzungsrechtes an einer Mühle durch den Eigentümer an einen Pächter mit dem Recht der Vererbung auf den meist ältesten Sohn des Pächters, im Ausnahmefall auch auf eine Tochter.

Farbmühle: Liefert aus Farberden aufbereitetes Farbpulver, z. B. Ocker.

Gänge: Als Produktivitätskennzeichen einer Getreidemühle galt die Zahl der vorhandenen Gänge, die aus je einem Steinpaar bestanden und denen unterschiedliche Funktionen zugewiesen sein konnten. Zu unterscheiden sind: Mahlgänge, denen die eigentliche Aufgabe des Zerkleinerns der Getreidekörner zufiel; Schrotgänge, auf denen nur Back- oder Futterschrot hergestellt wurde; Schälgänge (Gerbgänge) dienten dazu, die dem Dinkel (Spelz) noch anhaftenden Umhüllungen, die Spelzen, abzureiben; Rollgänge, auch Putzgänge genannt, hatten die Aufgabe, die Schalen und Spitzen der Gerste zu lösen, wodurch runde Körner entstanden (Rollgerste, Graupen). Weitere Gangarten mit unterschiedlicher Steinstellung fanden Verwendung z.B. bei der Verarbeitung von Knochen, Öl, Gips oder Hanf.

Getreidemühle: Die wichtigste Mühlenart für die Nahrungsmittelherstellung, teilweise auch für Viehfutter (Schrot). In den Mühlenakten werden sie Mahlmühlen genannt.

Kammrad: Großes Getrieberad auf der Gebäudeinnenseite des Wellbaumes. Meist ist das Rad, das die Drehbewegung der Wasserradwelle in die Maschine weiterleitet, als Kammrad ausgeführt. Kammräder bestehen aus Holz oder Eisen mit Kämmen aus Hainbuchenholz.

Kellerei (Kellnerei): Regionale Finanzstelle und Speicher des Landesherrn, die von einem Keller (Kellner) geleitet wird, im 19. Jahrhundert Rezeptur genannt.

Kellereirechnungen: Jahresrechnungen des Kellers, u. a. zur Angabe der von Mühlen eingenommenen Abgaben in Geld oder Naturalien, z. B. Roggen oder Mühlschweine.

Klause (Klaus): bei einem Mühlbach, dessen Wasser zu wenig ist, um fortwährend die Mühle zu treiben, wird das Wasser durch Klausen in einem Weiher angesammelt und dann erst auf die Mühle gelassen (Kehrein, Volkssprache, S. 226, 227).

Knochenmühle: Herstellung von Knochenmehl aus Tierknochen zur Verwendung als Düngemittel.

Kollergang: Gang mit senkrecht rollenden (kollernden) Mühlsteinen zum Quetschen und Zerkleinern der Ölsaaten und Farberden.

Küchenmühle: Der Ausdruck ist in der Westerwälder Mühlengeschichte nur zweimal zu finden: für die Struthmühle in Molsberg und die Wiesenmühle in Boden. Die Kennzeichnung verweist auf die Verbindung der Mühle mit einem Schloss, nämlich mit Molsberg bzw. Langwiesen und den Adelsfamilien von Walderdorff bzw. von Esch. Es ist anzunehmen, dass diese beiden Mühlen für die betreffenden Herrensitze, d. h. als Mahlstätte für deren Bewohner, gedient haben. Um eine bessere Auslastung zu erreichen, weiteten die Müller im Laufe der Zeit ihren Kundestamm aus, womit die ursprüngliche Bedeutung dieser Mühlen verloren ging.

Lohmühle: Mühle zum Zerkleinern der Eichenrinde evtl. auch Fichtenrinde. Das dabei gewonnene Lohmehl diente den Rotgerbern als Gerbmittel für Tierhäute.

Mahlknecht, Mühlenknecht: Angestellter einer Mühlengesellschaft , der gegen Lohn für die Teilhaber das Getreide mahlt und in der Mühle wohnt. Im Gegensatz dazu ist der Müllergeselle (Müllerbursche) Mitarbeiter und Hausgenosse eines Müllers.

Mengfrucht: Gemisch aus mehreren Fruchtarten, z. B. Roggen und Gerste.

Molter: Teil des Getreides, der vom Müller als Mahllohn einbehalten wird.

Mutterkorn: „Verdorbenes Roggenkorn" von bläulicher oder schwarzer Farbe mit giftigen Eigenschaften. Es kann beim Verzehr lebensgefährlich sein.

Mühlenbann: Zwangsverpflichtung der Bewohner eines Dorfes oder mehrerer Dörfer, nur eine ganz bestimmte Mühlein Anspruch nehmen zu dürfen.

Mühlenglöcklein: Der Mahlgang darf wegen der sonst starken Abnutzung und des Heißlaufens der Steine (Funken- und Feuergefahr) nicht leer gehen. Es muss also rechtzeitig Getreide aufgeschüttet werden. Als Melde- oder Alarmvorrichtung dient das Mühlenglöcklein. Auf dem Rand des Einfülltrichters sitzt ein hölzerner Hahn, dessen Schnabel sich mit dem abnehmenden Mahlgut senkt. Geht das Getreide zur Neige, löst eine mittels Schnur, Kipphebel und Gegengewicht verbundene Klappe im Trichter den Läut-Mechanismus aus. Stattdessen haben einfache Mahlmühlen eine Abstellautomatik; die Mühle stellt sich mit einem ähnlichen Mechanismus durch Unterbrechung der Wasserzufuhr auf das Rad ab. Hölzerne Mühlenglöcklein hatten meist die Form eines Vogels, z. B. eines Hahns, deshalb auch Mühlengickel genannt.

Mühlgraben: Künstliche Ableitung des Wasserzuflusses, der oberhalb der Mühle vom Mutterbach abzweigt und einen Teil des Bachwassers dem Mühlrad zuführt; unterhalb der Mühle vereinigt sich der Graben wieder mit dem Bachlauf. In jüngeren Dokumenten wird auch der Begriff Betriebsgraben verwendet.

Mühlenmeister: Vorsitzender einer Gesellschafts- (Erben-) Mühle (s. Erbenmühle).

Mühlrad: Überwiegend werden die Bachmühlen von oberschlächtigen Mühlrädern angetrieben, d. h. das Wasser fließt in die becherförmigen Zellen (Kammern) zwischen den beiden Radkränzen des „Staberrades“. Durch das Gewicht des Wassers in den Zellen wird das Rad zu einer Drehbewegung veranlasst. Im Gegensatz dazu besitzen die „Strauberräder“ (unterschlächtige Mühlräder) Schaufeln, die auf dem Radkranz befestigt sind.

Mühlentransfer: Verlagerung einer Mühle von einem Standort an einen anderen (in eine andere Gemeinde).

Mühlenwüstung: Ehemaliger Standort einer Mühle mit nur noch geringen oder gar keinen Gebäuderesten (z. B. Michelmühle in Girod-Kleinholbach).

Naturalpacht: Entrichtung von Naturalien (Getreide, Öl, Hühner, Eier, Kapaune, Schweine, Honig, Wachs, Papier o. ä.) anstatt einer Geldpacht.

Ölkuchen: Beim Pressen der Ölfrüchte, z. B. Raps, verbleibender Rest, findet wegen seines Eiweißgehaltes Verwendung als gutes Viehfutter.

Ölmühle: Dient der Nahrungszubereitung aus Ölfrüchten und liefert zudem Brennstoff für Lampen, sowie Schmierstoff. In der zweiten Hälfte des 17. Jahrhunderts nimmt der Rapsanbau nach holländischem Vorbild im Westerwald zu. Daneben wird aus Hanf, Mohn, Nüssen und Sonnenblumen, wie auch aus Leinsamen und Bucheckern, Öl geschlagen. Der im Kollergang umlaufende Mühlstein zermahlt die Ölsaat. Im ersten Pressvorgang wird das hochwertige „Jungfernöl" gewonnen. Nach einer Wärmebehandlung gewinnt man in anschließenden Pressungen weiteres Öl, das aber in der Qualität nicht an das vorherige heranreicht. Nach dem Aufkommen von Petroleum als Leuchtmittel und wegen der relativ geringen Ausbeute der Mühlen gehen ab etwa 1860 die meisten Ölmühlen zugrunde. Ein interessanter Vergleich lässt – außer anderen Vorteilen bei der Verwendung von Petroleum – erkennen, dass der Preis beider Leuchtmittel die „Umstellung" begünstigt hat: Eine Maß (= 2 Liter) Öl wird 1867 in der Sauertaler Mühle in Montabaur für 58 Kreuzer angeboten. Eine Maß Petroleum kostet im Geschäft von C. Neurohr in der Stadt nur 30 Kreuzer.

Papiermühle: Verarbeitet Lumpen zu Papier.

Privatmühle, auch Privateigentumsmühle: Persönliches Eigentum einer Müllerfamilie.

Rotgerbermühle: In Drehfässern wird unter Einwirkung von hängenden Hämmern das mit Lohe aus Eichen- oder Fichtenrinde gegerbte Leder weich und geschmeidig „geklopft".

Schneidemühle: Sägewerk für Holz oder Steine, z. B. Marmor.

Wasserlaufzins: Vom Landesherrn auferlegte Gebühr für die Nutzung des Bachwassers, auch Wasserpacht oder Wasserlaufgebühr genannt. Die Ablösung der Wasserlaufgebühr 1874 ist eine Einmal- oder Ratenzahlung der jährlich anfallenden Gebühr für die Nutzung des Bachwassers im Vierzehnfachen.

Wasserrecht: Zugeständnis des Landesherrn, das Wasser eines bestimmten Baches zum Betrieb einer Wasserkraftanlage zu nutzen.

Weißgerbermühle: Verarbeitung des mit Mineralsalzen gegerbten Leders (s. a. Rotgerbermühle).
Wollweberwalkmühle: In Drehfässern unter Einsatz von Walkerde (z. B. Ton) bewegte Tücher, deren Gewebe dadurch verfilzen.

Zeitbestandsmühle: Auf eine bestimmte Zeit, z. B. sechs Jahre, verpachtete, meist (landes-) herrschaftliche Mühle, in Ausnahmefällen auch auf „dies vitae", also bezogen auf die Lebenszeit des Mühlenpächters.

Zunftwappen: Die Löwen symbolisieren die großen Kräfte zum Antrieb einer Mühle. Im Hintergrund ist ein Kammrad, im Vordergrund ein Mühlstein zu sehen. Die davor gelagerte Walze steht für den technischen Fortschritt durch die Einführung des Walzenstuhls. Zirkel und Winkelmaß werden sowohl beim Bau einer Mühle als auch zum Ausmessen der Rillen und Furchen auf dem Mühlstein benötigt. Der Glückwunsch im ursprünglichen Sinne des Wortes soll Müller und Mühle vor Unwetter, Missernte, Brand und anderem Unglück bewahren.

NACHWORT

Mehrfach sind Sie beim Lesen in dieser Schrift Ausdrucksformen der Vergangenheit begegnet: im Titel, in Zeitwörtern, oder Zeitangaben als Ausdrucksform der Baujahre von Gebäuden.
Sie brauchten diese Zeitzeichen nicht zu entdecken, denn sie lagen sozusagen am Wege des Ganges durch die Geschichte der einzelnen Mühlen. Vielleicht ist Ihnen dabei auch der Beginn aller Märchen „Es war einmal …" in den Sinn gekommen oder gar die Hinführung zum Text verschiedener biblischer Schriften „In jener Zeit". Mehr als fünf Dutzend Mühlen und die erweiterten Texte, die wir Ihnen hier geboten haben, führen ins Reich der Nostalgie. Dessen Erklärung als „sehnsuchtsvolle Rückwendung zu früheren Zeiten und Ereignissen" beinhaltet auch etwas Gefühlvolles, das an Wehmut erinnert, so wie es der Dichterpfarrer Wilhelm Reuter in seinem Gedicht „De letzte Miller" zum Ausdruck brachte (Auszug):

Et woar en Millche met aanem Gang
Un hot hei geklappert Geschlechter lang,
De Miller hot manchem gemohle dat Brut,
sich redlich gequelt met Mejh und Nut.

Die Welt gung weirer, et koam die nau Zeijt,
De Miller wollt moahle, et koame kaa Leijt.

Doch das Ausbleiben der Mahlgäste war nicht der alleinige Grund für das Mühlensterben.

LITERATUR UND QUELLEN

Franz Baaden, Chronik der Studentenmühle, 600 Jahre Nomborner Mühlengeschichte, Wäller Heimat 1991, S. 91 ff. [Nr. 33]

Elisabeth Badura-Zeus, Der Mühlentag: Jahrbuch Bernkastel-Wittlich, 1997, S. 292 ff. [Erbenmühlen – Keine Ausnahmeerscheinung, aber doch eine Besonderheit]

Anton Bendel, Im Schatten des Kirchturmes von Heilberscheid, 1990 [Nr. 18, Nr. 19].

Beschreibung der vier Kirchspiele Nentershausen, Hundsangen, Salz und Meudt,1564, HHStAW Bestand 116 Nr. 40, s. bei Gensicke [Nr. 32, 33].

Deutsche Gesellschaft für Mühlenkunde und Mühlenerhaltung (Herausgeber), En Wäller Mill, Literarische Mühlenwanderung durch den Westerwald, 1997 [u. a. Nr. 32, „Müller Heibel].

Jens Friedhoff, Schloß Langwiesen bei Montabaur, Nassauische Annalen 2008, S. 147 ff. [Nr. 1].

Dieter Fries, Josef Kläser, Manchmal schwammen ihnen die Felle weg – Vom stadtprägenden Gerberhandwerk in Montabaur, Wäller Heimat 2006, S. 151 ff. [Nr. 41].

Hellmuth Gensicke, Das Kirchspiel Kirchähr, Nassauische Annalen 1966, 328 ff. [Nr. 6, 7, 8, 53, 54].

Hellmuth Gensicke, Die vier Kirchspiele, Nassauische Annalen 1952, S. 309 ff. [Nr. 9-17, 30-33].

Hellmuth Gensicke, Geschichte von Eschelbach, Festschrift zur Einweihung der St. Blasius-Kapelle zu Eschelbach am 27. Juli 1952, S. 6 ff. [Nr. 49 bis 52].

Hellmuth Gensicke, Montabaur im Spätmittelalter, Nassauische Annalen 1962, S. 98, 102 bis 104, 108, 110 bis 112 [Nr. 36, 37, 40-42,45].

Hermann-Josef Hucke, Daubach - Gelbachhöhen – Ein Dorf im Wandel der Zeit, 1993 [Nr. 2].

Hermann-Josef Hucke, Niederelbert – Texte und Bilder im Spiegel der Zeit, 1995 [Nr. 28, 29].

Sabine Hübner, Chronik Boden, 1997 [Nr. 1].

Sabine Hübner (Red.), Chronik Ruppach- Goldhausen, mehrere Verfasser, 2009 [Nr. 35].

Walter Jahnke, Heiligenroth – Eine Dorfchronik, 1988 [Nr. 20 bis 22].

Moritz Jungbluth, Zum Öl produzierenden Mühlenwesen im Westerwald, Wäller Heimat 2011, S. 159 ff. [u. a. Nr. 46].

Walter Kalb, Alt-Montabaur – Motive aus Montabaur, 1926.

Joseph Kehrein, Volkssprache und Wörterbuch von Nassau, 1891 [Nr. 20, 50, Glossar].

Hans-Christian Kirsch, Nomborn – Geschichte eines Dorfes, 1989 [Nr. 32, 33].

Josef Kläser, Das Mühlenwesen im Herzogtum Nassau, Nassauische Annalen 2005, S. 329 ff.

Josef Kläser, Bauernmühlen – Erbenmühlen – Gesellschaftsmühlen, Der Westerwald 1992, S. 119 ff. [Erbenmühlen – Keine Ausnahmeerscheinung, aber doch eine Besonderheit].

Josef Kläser, Mühlenvielfalt in Montabaur, 700 Jahre Stadt Montabaur, Momentaufnahmen einer wechselvollen Geschichte, 1991, S. 80 ff. [Nr. 37].

Josef Kläser, Die Mühlen am Elgendorfer Bach – insbesondere die Hüttenmühle zu Eschelbach, Wäller Heimat 2014, S. 158 ff. [Nr. 47 bis 51].

Josef Kläser, „ … denn es ist das Wasser, welches die Mühle treibt, so wenig ergiebig“: Ein Beitrag über die Kadenbacher Mühlen zum 900-jährigen Ortsjubiläum, Wäller Heimat 2010, S. 119 ff. [Nr. 26, 27].

Josef Kläser, Von Schlafstellen im Heu zum Viersternehotel – Vom Funktionswandel zahlreicher Mühlen, Wäller Heimat 2007, S. 75 ff. [Nr. 14, 20, 21, 33, 42, 56].

Josef Kläser, Die Eitelborner Doppelmühle, genannt „Ullesmühle“, Wäller Heimat 2005, S. 134 ff. [Nr. 3, 4].

Josef Kläser, Doppelt vertreten – Aus der Geschichte der Hollerer Erbenmühlen, Wäller Heimat 2001, S. 123 ff. [Nr. 23, 24].

Josef Kläser, „Hinterm Berg, hinterm Berg brennt es in der Mühle“, Mühlen- und Müllerschicksale, Teil I, Wäller Heimat 1997, S. 117 ff. [Nr. 2, 21].

Josef Kläser, Die Kuh auf dem Mühlrad, Ereignisse im Umfeld von Mühlen, Teil II, Wäller Heimat 1998, S. 111 ff. [Nr. 37, 45] .

Josef Kläser, Die Molsberger Schlossmühle – Struthmühle genannt, in Molsberg, Geschichte eines Dorfes, 2016, S. 417 ff. [Nr. 13].

Josef Kläser, Tod im Mühlentriebwerk, Mühlen- und Müllerschicksale, Teil III und Schluss, Wäller Heimat 1999, S. 132 ff. [Nr. 1, 13, 21, 33, 51, 52, 54].

Josef Kläser, Farberden und Farbmühlen im Westerwald, Teil 1, Wäller Heimat 1991, S. 157 ff.

Josef Kläser, Farberden und Farbmühlen im Westerwald, Teil 2, Wäller Heimat 1992, S. 161 ff. [u. a. Nr. 37].

Josef Kläser, Oberelbert: Einblicke, 1997 [Nr. 34].

Josef Kläser, „... und mahlet immerzu“: Zur Geschichte der letzten noch voll ausgelasteten Mahlmühle im Westerwaldkreis [Schlatmühle Heiligenroth], Wäller Heimat 1994, Seite 167 ff. [Nr. 22].

Josef Kläser, Von Ölmühlen und -früchten, in: Landschaftsmuseum Westerwald, Museumsführer 1993, S. 59 [u. a. Nr. 46] .

Josef Kläser, Wasser auf die Mühle, Wäller Heimat 2017, S. 111 ff. [Nr. 6 bis 8, 45, 46, 53, 54, 56]

Wolfgang Koch u.a., Die Mühlen von Eschelbach, 1000 Jahre Eschelbach – Geschichte und Geschichten einer kleinen Westerwaldgemeinde anlässlich ihres denkwürdigen Jubiläums an der Schwelle zum 2. Jahrtausend, 2000, S. 21 ff. [Nr. 49 bis 52].

Damian Linz, Montabaurer Amtsbeschreibung aus dem Jahre 1786, Stadtarchiv Montabaur , Abt. 3 Nr. 173 A 60.

Mahlbuch Ernst Kalusa, Hüttenmühle Eschelbach 1939-1969, Stadtarchiv Montabaur [Nr. 49] .

Manual-Buch und Register über die Eigentümer der Kleinmühle in der Gemarkung Niedererbach, Archiv Ortsgemeinde Niedererbach [Nr. 30].

Marianne Pöller-Salzmann, Chronik von Horbach, 1980 [Nr. 25].
Mühlenbuch der Hermoldermühle Heiligenroth 1870 bis 1911, Kopie im Besitz von Walter Jahnke, Essen-Kettwig [Nr. 20]

Paul Possel-Dölken, Geschichte der Stadt Montabaur, Zweiter Teil, Band 1, 2015 [Nr. 36, 37 u. a.].

Wilhelm Reuter, Die Harebouwe, Schauspiel in fünf Akten, Nachdruck des Arbeitskreises für Heimatgeschichte und Brauchtum des Westerwaldvereins, Zweigverein Montabaur 1988.

Rolf Robischon, Über Bauernmühlen und Bannmühlen, Rheinische Heimatpflege, 1/1970, S. 48 ff. [Erbenmühlen – Keine Ausnahmeerscheinung, aber doch eine Besonderheit].

Winfried Röther, Die Limburger Straße und die Hermolder, Wäller Heimat 1999, S. 162 ff. [Nr. 20]

Winfried Röther, Die Limburger Straße und die Hermolder, unveröffentlichter Nachtrag zu Wäller Heimat 1999, S. 162 ff. [Nr. 20].

Gabriel Simons, Die genossenschaftlichen Bauernmühlen auf dem Hunsrück, Rheinische Vierteljahresblätter, 27/1962, S. 117 ff. [Erbenmühlen – Keine Ausnahmeerscheinung, aber doch eine Besonderheit].

Carl Wilhelm Schnell, Adam Marx 1865-1943 – Die Hirsenmühle – Der Cunogeldschmuggel, Manuskript, Wirges 1987 [Nr. 52].

Leo Sternberg (Hrsg.), Der Westerwald, Düsseldorf 1924 [Nr. 32].

Dieter Trautmann, Wassermühlen in der Kroppacher Schweiz – Heute klappert keine mehr am „rauschenden Bach" –, Wäller Heimat 1987, S. 57 ff. [darin u. a. allgemeine Mühlengeschichte].

Stefan Weyand, Die vier Mühlen von Steinefrenz, unveröffentlichtes Manuskript, 2011 [u. a. Nr. 9,12, 13, 14, 15, 32, 33].

Herbert Winkenbach, Chronik Elgendorf 1220 – 2020, Montabaur 2020 [Nr. 47, 48].

In den eckigen Klammern sind die Texte vermerkt, auf die sich die zitierte Literatur bezieht.

Neben der angegebenen Literatur wurde aus folgenden Quellen geschöpft:

Hessisches Hauptstaatsarchiv Wiesbaden (HHStAW), Bestände 112, 116, 154, 205, 210-212, 234, 243, 250 (17), 360, 405, 419, 446, 3011.

Landeshauptarchiv Koblenz (LHAKO), Bestände 1 C, 510, 602, 736, 737.

Diözesanarchiv Limburg (DAL): Bestand 03.

Landschaftsmuseum Westerwald, Hachenburg: Fotoarchiv.

Stadtarchiv Montabaur (StAM): Bestände 2, 3 u. Zeitungsarchiv.

Stadtarchiv Hachenburg: Zeitungsarchiv.

Stadtarchiv Limburg (StALM): Zeitungsarchiv.

Das vorliegende Buch erhebt keinen Anspruch auf eine wissenschaftliche Arbeit.
Wegen der besseren Lesbarkeit ist auf Anmerkungen bzw. Fußnoten verzichtet worden.

Mühle bei Goldhausen - Wiesenmühle Boden (Nr. 1)
Karl Weckerling (1867 – 1948) 1888
Privatbesitz Manfred Lorenz, Montabaur

Eitelborner Ölmühle – Ullesmühle (Nr. 3 u. 4)
Walter A. Küchenhoff (1915 – 1996) 1983
Privatbesitz Wolfgang Knopp, Eitelborn

Ullesmühle Eitelborn (Nr. 3 u. 4)
Theo Knopp 1983
Privatbesitz Wolfgang Knopp, Eitelborn

Ullesmühle Eitelborn (Nr. 3 u. 4)
Ewald Steinebach 2017
Privatbesitz Ewald Steinebach, Wallmerod

Hermolder Mühle, Heiligenroth (Nr. 20)
Walter Jahnke, Federzeichnung 1986
Chronik Heiligenroth

Holler - Untermühle (Nr. 24)
Karl Weckerling (1867 – 1948)
Privatbesitz Manfred Lorenz, Montabaur

Holler - Untermühle (Nr. 24)
Herrmann Caspers, Duisburg 1992
Besitz der Ortsgemeinde Holler

Erbenmühle Oberelbert (Nr. 34)
H. Gastell ca. 1935
Privatbesitz Roswitha Merz, Oberelbert

Nomborn – Studentenmühle (Nr. 33)
Walter Kalb (1904 – 1989)
Federzeichnung, 1974

Goldhäuser Mühle (Nr. 35)
Karl Weckerling (1867 – 1948) 1888
Privatbesitz Manfred Lorenz, Montabaur

Goldhäuser Mühle (Nr. 35)
Karl Weckerling (1867 – 1948)
Privatbesitz Manfred Lorenz, Montabaur

Goldhäuser Mühle (Nr. 35)
Walter Kalb (1904 – 1989)
Privatbesitz Manfred Lorenz, Montabaur

Goldhäuser Mühle (Nr. 35)
Willibald Becker
Besitz Ortsgemeinde Ruppach-Goldhausen

Goldhäuser Mühle (Nr. 35)
Alfons Kurtenacker (1928 – 1998) 1994
Privatbesitz Gerold Sprenger, Ruppach-Goldhausen

Goldhäuser Mühle (Nr. 35)
Ewald Steinebach 2017
Privatbesitz Ewald Steinebach, Wallmerod

Goldhäuser Mühle (Nr. 35)
Computerbearbeitung
Winfried Röther, Großholbach, 2017

Sauertaler Mühle (Nr. 37)
Künstler unbekannt
Privatbesitz Max Schneckenbühl, Montabaur-Horressen

Sauertaler Mühle (Nr. 37)
Kolorierte Ansichtskarte ca. 1920
Sammlung Otto Merfels, Hundsangen

Nikutowski, Montabaur

Montabaur Ansicht mit Sauertaler Mühle (Nr. 37)
Erich Nikutowski, um 1920,
Lithografie aus Leo Sternberg, Der Westerwald, 1924

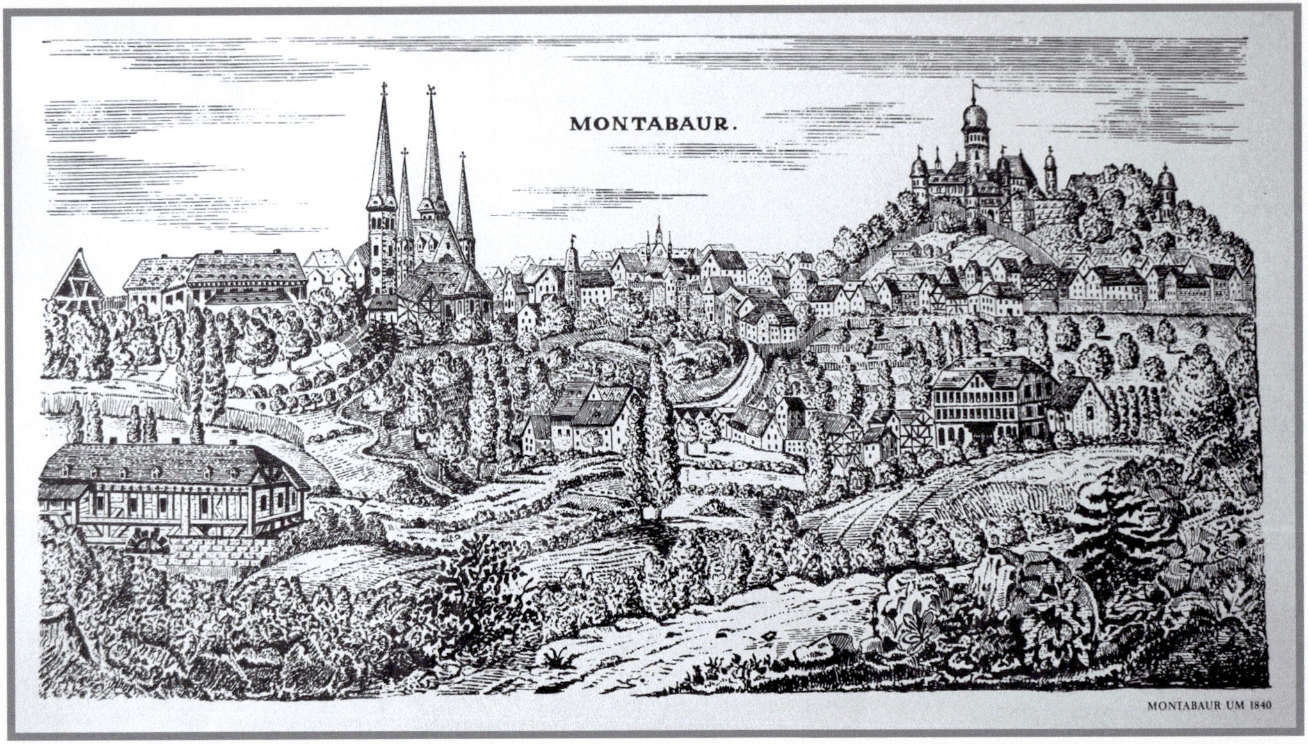

Montabaur um 1840
Stahlstich bei Walter Kalb, Alt-Montabaur, 1926
Stuntze Mühle, links unten (Nr. 40.4)

Frinks Mühle (Nr. 40.1)
Karl Weckerling (1867 – 1948) 1888
Privatbesitz Manfred Lorenz, Montabaur

Mühle bei Montabaur (Nr. 40)
Karl Weckerling (1867 – 1948) 1888
Privatbesitz Manfred Lorenz, Montabaur

Mühle im Gelbachtal (Nr. 40)
Karl Weckerling (1867 – 1948) 1908
Privatbesitz Manfred Lorenz, Montabaur

Mühle
Karl Weckerling (1867 – 1948) 1889
Privatbesitz Manfred Lorenz, Montabaur

Mühle in der Marau (Nr. 40)
Karl Weckerling (1867 – 1948) 1888
Privatbesitz Manfred Lorenz, Montabaur

Stuntze Mühle (Nr. 40)
Karl Weckerling (1867 – 1948) 1888
Privatbesitz Manfred Lorenz, Montabaur

Marau, bei der Judenmühle (Homanns Mühle Nr. 42)
Karl Weckerling (1867 – 1948) 1888
Privatbesitz Manfred Lorenz, Montabaur

Gesellschaftsmühle Elgendorf (Nr. 47)
Günter Heil 1984
Privatbesitz Werner Greif, Elgendorf

Hüttenmühle Eschelbach (Nr. 49)
Künstler unbekannt, ca. 1946
Privatbesitz Oswald Böckling, Montabaur

Hirsenmühle Eschelbach (Nr. 52)
Künstler unbekannt 1934
Privatbesitz Herbert Fluck, Eschelbach

BILDQUELLEN

Valentin Altmann: Erbenmühle Niederelbert, 1920er Jahre, Landschaftsmuseum Westerwald KBS 956; Mühle im Sauertal, Montabaur, 1920er Jahre, Landschaftsmuseum Westerwald VA 66-1050

Erich Blettenberg, Montabaur-Eschelbach

Josef Baumann, Holler

Bayrischer Müllerbund, München

Oswald Böckling, Montabaur

Peter Dick, Filmclub Montabaur

Erich Diedert, Girod-Kleinholbach

Freimühle, Girod-Kleinholbach

Georg Gerlach: Landschaftsmuseum Westerwald: Weißmühle Horbach um 1938, KBS 843;
Mühle Josef Roth, Eschelbach um 1938, KBS 428;
Mühle Josef Roth, Eschelbach um 1938, KBS 460.

Jan Getkat, Niedererbach

Werner Greif, Montabaur-Elgendorf: Gemälde von Günter Heil, 1984.

Klaus-Dieter Häring, Nassauische Neue Presse, Limburg

Hessisches Hauptstaatsarchiv, Wiesbaden

Walter Jahnke, Essen-Kettwig

Holzbau Kappler GmbH & Co. KG, Gackenbach-Dies

Josef Kläser, Vallendar

Marlene Klein, Heiligenroth

Wolfgang Knopp, Eitelborn

Landesamt für Vermessung und Geobasisinformation, Koblenz

Landeshauptarchiv Koblenz

Eleonore Lenz, Montabaur
Manfred Lorenz/Fritz Schwind, Montabaur/Montabaur-Eschelbach (Privatarchiv)

Roswitha Merz, Oberelbert Gemälde von H. Gastell, ca. 1935

Helga Meudt, Girod-Kleinholbach

Markus Nink, Niedererbach

Ortsgemeinde Oberelbert

Karl Ortseifen, Montabaur-Ettersdorf

Dorothe u. Urich Rothkegel, Montabaur

Winfried Röther, Großholbach

Svenja Schwind, Montabaur-Eschelbach

Bettwaren Stendebach & Co., Montabaur

Studentenmühle, Nomborn

Stadtarchiv Montabaur

Ewald Trumm, Niederahr

Theresia Vogl, Montabaur-Ettersdorf

Helmut Vogt †, Montabaur-Eschelbach

Thomas Volkmann, Montabaur-Eschelbach

Elisabeth u. Rosa Walterfang, Siershahn

Westerwald-Post

Stefan Weyand †, Steinefrenz

Josefine Wörsdörfer, Montabaur-Eschelbach

Titelbild: Dorfbrunnen Niederelbert; Fotos: Winfried Röther (2017)